집중하는 뇌는 식탁에서 자란다

집중하는 뇌는 식탁에서 자란다

아이의 뇌 건강과 집중력 향상을 위한 푸드 테라피

초 판 1쇄 2025년 04월 04일

지은이 강보경
펴낸이 류종렬

펴낸곳 미다스북스
본부장 임종익
편집장 이다경, 김가영
디자인 임인영, 윤가희
책임진행 김은진, 이예나, 김요섭, 안채원, 장민주

등록 2001년 3월 21일 제2001-000040호
주소 서울시 마포구 양화로 133 서교타워 711호
전화 02) 322-7802~3
팩스 02) 6007-1845
블로그 http://blog.naver.com/midasbooks
전자주소 midasbooks@hanmail.net
페이스북 https://www.facebook.com/midasbooks425
인스타그램 https://www.instagram.com/midasbooks

© 강보경, 미다스북스 2025, *Printed in Korea*.

ISBN 979-11-7355-177-2 03590

값 18,500원

미다스북스는 다음세대에게 필요한 지혜와 교양을 생각합니다.

아이의 뇌 건강과 집중력 향상을 위한 푸드 테라피

집중하는 뇌는
식탁에서 자란다

강보경 지음

미다스북스

집중력을 키우는
식탁의 힘

어린 시절부터 우리는 "공부 잘하려면 잘 먹어야 한다."는 말을 자주 들었습니다. 하지만 정작 어떤 음식을 어떻게 먹어야 하는지는 제대로 배우지 못했습니다. 특히, 집중력이 필요한 아이, 학생, 그리고 직장인까지도 하루 종일 지친 두뇌를 효율적으로 사용하는 법을 고민하면서도, 정작 우리의 식단이 뇌에 어떤 영향을 미치는지는 잘 모르는 경우가 많습니다.

『집중하는 뇌는 식탁에서 자란다』는 집중력과 영양의 관계를 배우고, 누구나 쉽게 실천할 수 있는 건강한 식단을 제안하는 책입니다. 단순히 몸에 좋은 음식을 나열하는 것이 아니라, 집중력과 감정 조절에 도움이 되는 영양소와 식습관을 과학적으로 분석하고, 이를 바탕으로 실용적인 식단과 레시피를 소개하려 합니다.

"마이 묵는 놈한테는 안 된다이"

우리 집에는 가훈 아닌 가훈이 하나 있었습니다. "마이 묵는 놈한테는 안 된다."

잘 먹는 사람이 뭐든 잘한다, 먹는 것이 그만큼 중요하다는 뜻쯤으로 해석할 수 있겠습니다. 덕분에 저는 어린 시절부터 지금까지 남다르게 잘 먹으며 자랐습니다.

그런 저에게 두 아이가 생겼고, 4인 가족의 밥상을 책임지겠다는 다짐도 잠시, 현실은 달랐습니다. 뭘 먹여도 잘 먹지 않는 아이들. 늘 저체중이었고, 감기도 자주 걸렸으며, 책 한 권을 끝까지 읽어 내는 것도 힘들어했습니다.

아이가 아프면 엄마는 반쯤 의사가 된다고 합니다. 저 역시 아이에게 도움이 될 만한 음식과 식이요법을 밤새 공부하기 시작했습니다. 그렇게 몇 년이 지나, 그동안 쌓아온 노하우를 이 책에 담았습니다.

집중력이 흔들리는 이유는 음식에 있다

아이가 숙제에 집중하지 못하거나, 어른이 중요한 회의에서 머릿속이 멍해지는 경험, 누구나 한 번쯤 겪어 보셨을 텐데요. 우리는 이것을 단순한 성향이나 피로 때문이라고 생각하지만, 사실 상당 부분 우리가 섭취하는 음식과 관련이 있습니다.

당이 급격히 올라갔다가 떨어지는 과정에서 발생하는 에너지의 급락,

필수 영양소 부족으로 인한 뇌 기능 저하, 장 건강이 무너질 때 발생하는 인지 능력 하락 등은 우리가 자주 경험하는 집중력 저하의 원인입니다. 이는 단순히 특정 음식이 좋고 나쁨의 문제가 아니라, 우리의 식습관 전반이 집중력과 직결된다는 점을 의미합니다.

특히, ADHD(주의력결핍 과잉행동장애)나 학습 장애가 있는 아이들에게 적절한 영양을 공급하는 것은 더욱 중요한 부분입니다. 수많은 연구가 ADHD 아동들의 영양 결핍과 특정 성분(예: 인공색소, 정제 탄수화물)의 영향을 지적하고 있으며, 이에 따라 식단을 개선했을 때 긍정적인 변화를 경험하는 사례도 늘고 있습니다. 이 책에서는 이러한 과학적 근거를 바탕으로, 누구나 쉽게 실천할 수 있는 집중력 강화 식단을 제시합니다.

'한 그릇'으로 실천하는 집중력 향상 처방전

식단을 바꾸는 것이 중요하다는 사실을 알지만, 막상 실천하기는 어렵습니다. 바쁜 일상에서 매 끼니를 신경 써 준비하기란 쉽지 않고, 아이들은 낯선 음식에 거부감을 보일 수도 있습니다. 그래서 『집중하는 뇌는 식탁에서 자란다』는 누구나 쉽게 따라 할 수 있도록 한 그릇 식사 개념을 중심으로 구성했습니다.

한 그릇에 담긴 식사는 영양 균형을 맞추는 데 도움을 주면서도, 간편하게 요리하고 즐길 수 있다는 장점이 있습니다. 바쁜 아침에도 빠르게

집중하는 뇌는 식탁에서 자란다

준비할 수 있는 뇌 활성화 아침 식사, 집중력을 깨우는 점심과 저녁 메뉴, 혈당을 안정시키는 건강 간식, 그리고 인스턴트 음료 대신 자연에서 찾은 집중력 강화 음료까지, 간단하면서도 효과적인 방법들을 소개합니다.

또한, 이 책에서는 단순히 레시피만 나열하지 않습니다. 식사를 준비하는 과정에서 아이들과 함께하는 요리 활동, 감각 발달을 돕는 조리법, 식사 시간을 더욱 즐겁게 만드는 방법까지 담아, 단순한 요리책이 아닌 건강한 식습관을 만드는 푸드테라피의 길잡이가 되고자 했습니다.

이런 분께 추천해요

이 책은 남녀노소 누구나 활용할 수 있습니다. 어린아이부터 초등학생, 청소년은 물론, 직장인과 노년층까지 폭넓게 추천 드립니다. ADHD나 학습 장애가 있는 자녀를 둔 부모님뿐만 아니라, 시험을 준비하는 학생, 업무 집중력을 높이고 싶은 직장인에게도 유익한 정보를 담고 있습니다.

특히, 부모님에게는 실용적인 가이드가 되리라 생각합니다. 우리 아이가 산만한 것은 성향 때문일 수도 있지만, 혹시라도 영양이 부족하거나 식습관이 잘못 형성되었기 때문이라면, 그 부분을 개선하는 것이 우선입니다. 하지만 무조건적으로 특정 음식을 배제하는 극단적인 방법이 아니라, 균형 잡힌 식단과 실천 가능한 레시피를 통해 자연스럽게 건강한 식습관을 만들 수 있도록 돕겠습니다.

이 책을 어떻게 활용하면 좋을까요?

『집중하는 뇌는 식탁에서 자란다』는 이론과 실전이 조화된 책입니다. 단순히 정보를 전달하는 데 그치는 것이 아니라, 직접 실천할 수 있도록 다양한 팁과 레시피를 담고 있습니다.

1장에서는 기본 개념을 익혀보세요. 집중력과 영양의 관계를 이해하고, 어떤 음식이 도움이 되고 방해가 되는지 구별하는 것이 중요합니다.

2장에서는 실용적인 식단을 배워보세요. 아침, 점심, 저녁뿐만 아니라 간식과 음료까지 포함된 균형 잡힌 식사를 계획하고, 쉽고 맛있는 레시피를 직접 실천해 보세요.

3장에서는 건강한 식습관을 생활 속에서 적용해 보세요. 아이와 함께 요리하며 감각 발달을 돕는 더 즐겁고 의미 있는 식사 시간이 됩니다.

이 책을 통해 단순히 '건강한 음식' 그 이상을 넘어, 집중력을 높이고 삶의 질을 개선하는 식습관을 만들어 가길 바랍니다. 작은 변화가 결국 큰 차이를 만든다는 걸 직접 경험해 보세요.

오늘, 우리 모두를 위한 집중력 식탁, 준비해 볼까요?

준비

: 집중력을 위한 영양관리

집중력과 영양,
어떤 관계가 있을까요?

집중력은 뇌 기능과 밀접한 관계가 있으며, 특정 영양소가 부족하면 집중력 저하가 발생할 수 있습니다. 또한, 혈당의 급격한 변동이나 염증도 집중력에 부정적인 영향을 미치므로, 균형 잡힌 식단과 건강한 식습관이 중요합니다.

집중력은 학습과 업무 수행에 필수적인 요소로, 어린이뿐만 아니라 성인에게도 중요한 역할을 합니다. 우리는 흔히 집중력을 높이기 위해 환경을 바꾸거나 학습 방법을 개선하는 데 초점을 맞춥니다. 그래서 '영양이 집중력에 미치는 영향에 대해서는 간과하기 쉽습니다. 그렇다면 우리가 섭취하는 음식이 집중력과 어떤 관계가 있을까요?

영양소와 뇌 기능의 관계

우리가 먹는 음식은 단순히 에너지를 제공하는 역할을 넘어서, 뇌 기능에도 큰 영향을 미칩니다. 뇌는 인체에서 가장 많은 에너지를 소비하는 기관으로, 영양소가 부족하거나 불균형하게 공급되면 집중력이 떨어지고 기억력과 사고력이 저하될 수 있습니다. 특히 집중력을 유지하는 데 중요한 것은 뇌의 활성화와 관련된 영양소들입니다.

오메가-3 지방산은 뇌의 발달과 기능에 중요한 역할을 합니다. 연구에 따르면, 오메가-3 지방산이 부족하면 주의력과 기억력이 떨어질 수 있습니다. 이 지방산은 뇌 세포막의 주요 성분으로, 신경 전달 물질인 도파민과 세로토닌의 기능을 촉진하는 데 필수적입니다.

철분은 뇌에서 중요한 역할을 하는 미네랄로, 주의력과 집중력에 큰 영향을 미칩니다. 철분이 부족하면 뇌의 도파민 수용체에 영향을 미쳐 주의력이 감소하고 감정 조절에 어려움이 생길 수 있습니다. 또한, 철분 결핍은 빈혈을 유발할 수 있어, 에너지 수준과 집중력에 직접적인 영향을 줍니다.

아연은 신경 전달 물질과 신경 회로의 건강을 유지하는 데 중요한 미네랄입니다. 아연이 부족하면 주의력과 기억력에 문제가 생길 수 있습니다.

마그네슘은 신경 전달을 원활하게 하고, 과도한 자극에 대한 뇌의 반응을 조절하는 데 주요한 역할을 합니다. 마그네슘이 부족하면 불안, 초조 등의 증상이 나타나며, 이는 집중력에도 부정적인 영향을 끼칠 수 있습니다.

집중력 유지에는 영양 균형이 매우 중요합니다. 여러 연구에서 특정 영양소가 부족할 경우 집중력 저하로 이어질 수 있다는 것이 밝혀졌습니다.

비타민 D 결핍: 비타민 D는 뇌 건강과 관련이 있으며 부족할 경우 인지 기능이 저하될 수 있습니다. 연구에 따르면, 비타민 D가 충분할수록 기억력과 학습 능력이 향상되는 경향이 있습니다.

B군 비타민 결핍: B군 비타민은 신경 전달과 뇌 기능 유지에 필수적인 영양소입니다. 특히 B6와 B12는 신경계 건강에 중요한 역할을 하며, 이들이 부족하면 신경계가 원활히 작동하지 않아 집중력과 주의력에 문제가 생길 수 있습니다.

이처럼 특정 영양소가 부족하면 집중력에 영향을 미칠 수 있으므로, 꾸준히 영양 상태를 점검하고 필요할 경우 적절하게 보충하는 것이 필요합니다.

혈당과 집중력

혈당의 급격한 변동은 집중력에 영향을 미칠 수 있습니다. 식사 후 혈당이 급격히 상승하고, 그 후 급격히 떨어지면 기분과 행동이 불안정해지고 집중력이 감소할 수 있습니다.

정제된 당이 포함된 음식을 섭취하면 혈당이 급격히 오르고, 이후 급격히 낮아져 뇌에 불안정한 신호를 보냅니다. 따라서 가공된 당을 피하고, 복합 탄수화물이 포함된 식단을 제공하는 것이 좋습니다. 복합 탄수화물은 혈당을 천천히 상승시키며, 뇌에 일정한 에너지를 지속적으로 공급할 수 있습니다.

염증과 집중력

최근 연구에서는 염증과 뇌 기능의 관계도 중요한 이슈로 다뤄지고 있습니다. 염증은 뇌의 기능을 방해할 수 있으며, 특히 신경 전달 물질에 영향을 미쳐 주의력과 감정 조절에 문제가 발생할 수 있습니다. 일부 연구에서는 염증을 줄이기 위한 항염증 식단이 집중력 향상에 도움이 될 수 있다는 결과가 있습니다.

항염증 식단에는 과일, 채소, 견과류, 오메가-3 지방산이 풍부한 음식을 포함시키고, 가공식품과 트랜스 지방을 피하는 것이 중요합니다.

집중력과 식이 변화

많은 사람들이 식이 변화를 통해 집중력이 향상되는 경험을 하고 있습니다. 실제로, 특정 영양소가 집중력에 긍정적인 영향을 미칠 수 있다는 연구 결과도 발표되었습니다.

이처럼 식단 조절은 집중력 개선과 밀접한 관련이 있으며, 단기적인 해결책이 아니라 장기적인 관리로 접근하는 것이 필요합니다. 건강한 식단을 꾸준히 유지하면 집중력이 향상될 뿐만 아니라 전반적인 인지 기능도 높아질 가능성이 큽니다.

적절한 영양소를 공급하는 것은 뇌 기능을 지원하고 주의력 부족이나 기억력 저하와 같은 문제를 해결하는 데 긍정적인 영향을 미칠 수 있습니다. 따라서 집중력을 높이려면, 균형 잡힌 식단을 실천하는 것이 핵심입니다.

뇌를 깨우는 필수 영양소,
기억해 두세요!

> 오메가-3, 철분, 아연, 마그네슘, 비타민 B군, 비타민 D는 집중력과 감정 조절을 돕는 필수 영양소입니다. 특히 ADHD 증상 완화에 도움이 됩니다.

ADHD를 비롯한 일부 어린이들은 집중력 부족과 감정 조절의 어려움을 겪습니다. 이러한 증상을 완화하기 위해서는 의약적인 치료뿐만 아니라, 영양소를 통한 뇌 건강관리도 중요한 역할을 합니다. 건강한 뇌 기능을 유지하려면 필수적인 영양소들이 균형 있게 공급되어야 합니다. 집중력과 감정 조절을 돕는 영양소를 적절히 섭취하면, 집중력 향상과 감정 조절 능력 개선에 큰 도움이 될 수 있습니다.

아이들의 집중력과 감정 조절은 뇌의 기능과 밀접하게 연결되어 있으며, 영양소는 그 기반을 다지는 중요한 역할을 합니다. 뇌에 영양이 고르게 공급되면 집중력이 향상되고, 감정의 기복이 줄어듭니다. 반면, 필요한 영양소가 부족하면 주의력 부족, 과잉 행동, 감정 조절의 어려움 등이 나타날 수 있습니다. 이때, 영양소가 적절히 공급된다면 자연스럽게 이러한 증상을 완화시킬 수 있습니다.

오메가-3 지방산: 뇌 건강의 핵심

오메가-3 지방산은 뇌 건강에 중요한 역할을 하는 불포화 지방산으로, 특히 DHA(도코사헥사엔산)와 EPA(에이코사펜타엔산)가 집중력 향상에 큰 도움을 줍니다. 이 지방산은 뇌 기능을 원활하게 유지하는 데 필수적입니다. DHA는 특히 뇌의 전두엽과 밀접하게 연관되어 있어, 집중력과 감정 조절에 중요한 영향을 미칩니다. 연구에 따르면, 오메가-3 지방산이 부족할 경우 집중력이 떨어지고, 과잉 행동과 충동성이 증가할 수 있습니다.

오메가-3 지방산은 뇌의 신경 전달 속도를 높이는 데 중요한 역할을 하며, 뇌 세포 간의 원활한 소통을 도와 집중력과 감정의 균형을 유지합니다. 오메가-3 지방산이 풍부한 음식으로는 연어, 참치와 같은 기름진 생선, 호두, 아마씨, 들기름 등이 있습니다. 집중력 향상에 도움이 필요한 모든 어린이들에게 이러한 음식을 자주 제공하는 것이 좋습니다.

오메가-3 지방산이 풍부한 견과류

철분: 뇌의 에너지 공급원

철분은 헤모글로빈을 형성하여 산소를 운반하고, 뇌가 효율적으로 기능할 수 있도록 돕습니다. 또한 철분은 도파민과 같은 중요한 신경 전달 물질의 합성에 필요하며, 이는 집중력과 감정 조절에 직접적인 영향을 미칩니다. 철분이 부족할 경우, 집중력이 떨어지고 감정의 기복을 경험할 수 있습니다. 철분 결핍이 지속되면 피로감, 무기력, 인지 능력 저하가 나타나 집중력과 기억력에도 영향을 줄 수 있습니다.

철분은 특히 뇌의 에너지 대사를 지원하는 중요한 미네랄입니다. 철분이 풍부한 음식으로는 붉은 고기, 시금치, 렌틸콩, 콩 등이 있으며, 철분을 효과적으로 흡수하려면 비타민 C와 함께 섭취하는 것이 좋습니다.

철분이 풍부한 붉은 고기

아연: 신경 전달을 원활하게

아연은 뇌의 신경 전달을 원활하게 하고, 신경 회로 건강을 유지하는 데 중요한 역할을 합니다. 특히, 아연은 도파민과 같은 신경 전달 물질의 기능을 돕는데, 도파민은 기분 조절, 동기 부여, 집중력에 중요한 영향을 미치는 화학 물질입니다. 아연이 부족하면 집중력 저하, 과잉 행동, 충동성 증가 등의 문제를 야기할 수 있습니다.

아연은 뇌의 건강과 인지 기능 유지에 필수적인 미네랄입니다. 아연이 풍부한 음식은 소고기, 호박씨, 캐슈넛, 굴, 콩 등입니다. 아연은 철분처럼 과도하게 섭취하면 건강에 해로울 수 있으므로, 적절한 양을 유지하는 것이 중요합니다.

마그네슘: 신경 안정과 스트레스 완화

마그네슘은 뇌 기능을 정상적으로 유지하는 데 핵심적인 역할을 하며, 신경 안정과 스트레스 완화에 도움을 줍니다. 연구에 따르면 마그네슘이 부족할 경우 과잉 행동과 불안이 증가할 수 있습니다. 특히, ADHD와 관련된 초조함과 불안을 완화하는 데 적정량의 마그네슘 섭취가 긍정적인 효과를 줄 수 있습니다. 마그네슘이 풍부한 식품으로는 녹색 채소, 아몬드, 호두, 검은콩, 바나나 등이 있으며, 이러한 음식들은 신경 안정과 기분 조절에 도움이 됩니다.

마그네슘이 풍부한 녹색 채소

비타민 B군: 뇌 기능의 에너지

비타민 B군은 뇌 기능에 필수적인 비타민들로, 특히 B6, B12, 엽산은 뇌의 신경 전달을 돕고, 에너지 대사를 촉진시킵니다. 이 비타민들은 신경 세포의 건강을 유지하고, 집중력과 기억력을 향상시키는 데 필요한 영양소입니다. 특히 비타민 B6는 세로토닌, 도파민, GABA와 같은 신경 전달 물질의 합성에 관여하여 감정 조절을 돕습니다.

B12와 엽산은 신경 세포의 성장과 재생을 돕고, 뇌의 기능을 원활하게 유지하도록 합니다. 비타민 B군이 풍부한 음식은 닭고기, 연어, 달걀, 유제품, 녹색 채소, 콩 등이 있습니다. 비타민 B군이 결핍되면 집중력 부족, 기억력 저하, 감정의 기복이 나타날 수 있습니다.

비타민 D : 뇌 기능과 기분 조절

비타민 D는 뇌의 신경 세포 건강에 영향을 미치며, 기분 조절에 영향을 줍니다. 비타민 D 결핍은 우울증, 불안, 집중력 저하와 관련이 있습니다. 비타민 D는 햇빛을 통해 자연스럽게 합성되지만, 일상생활에서 충분히 햇빛을 받지 못하면 부족할 수 있습니다. 비타민 D가 풍부한 음식은 연어, 고등어, 비타민 D 강화우유, 달걀노른자 등이 있습니다.

집중력과 감정 조절을 돕는 영양소들은 뇌 건강에 필수적이며, 특히 ADHD 증상을 완화하는 데 도움이 됩니다. ADHD를 앓고 있는 아이들에게 이러한 영양소를 충분히 공급하면, 주의력 부족과 과잉 행동을 개선할 수 있습니다. 오메가-3 지방산, 철분, 아연, 마그네슘, 비타민 B군, 비타민 D는 각각 뇌 기능과 감정 조절에 영향을 주므로, 아이들이 이러한 영양소를 충분히 섭취할 수 있도록 식단을 잘 구성하는 것이 중요합니다.

집중력을 방해하는
음식과 성분

집중력에 부정적인 영향을 미치는 음식으로는 설탕, 카페인, 가공식품, 글루텐, 유제품, 트랜스지방과 포화지방, 과일 주스와 인공 음료가 있습니다. 이 성분은 혈당 변동, 뇌 기능 저하, 소화 불량 등을 유발하므로, 건강한 대체 음식을 선택하는 것이 중요합니다.

집중력을 높이려면 식이 요법이 매우 중요합니다. 하지만 잘못된 음식 섭취는 뇌와 신체에 부정적인 영향을 미쳐 오히려 집중력을 떨어뜨릴 수 있습니다. 따라서 잘못된 식습관을 피하고, 건강한 대체 음식을 찾는 것이 필요합니다. 다음은 집중력에 악영향을 미칠 수 있는 음식과 성분들입니다.

설탕과 고당도 식품

설탕은 집중력에 큰 영향을 미치는 성분 중 하나입니다. 설탕은 혈당을 급격하게 상승시킨 뒤, 급격히 하락하여 에너지가 부족해지고 초조해지는 현상을 일으킬 수 있습니다. 정제된 설탕이 포함된 음식은 특히 주의력과 집중력에 부정적인 영향을 미치며, 과잉 행동을 유발할 수 있습니다. 연구에 따르면, 설탕 섭취가 많을수록 집중력 문제가 더 뚜렷하게 나타난다고 합니다.

따라서 고당도 음료나 간식을 피하고, 혈당을 안정적으로 유지할 수 있는 음식을 선택해야 합니다. 예를 들어, 과일이나 채소는 천천히 흡수되는 자연 당분을 제공해 혈당의 급격한 변동을 방지하고, 통곡물은 지속적인 에너지를 공급할 수 있습니다.

카페인

카페인은 신경계를 자극하여 과도한 활동성과 불안을 유발합니다. 커피, 콜라, 에너지 드링크 등의 음료에 포함된 카페인은 불안감, 과잉 행동, 불면증 등의 증상의 원인이 되며, 집중력에도 부정적인 영향을 미칩니다.

카페인 없는 음료나 허브차를 대체 음료로 섭취하는 것이 좋습니다. 카모마일 차나 페퍼민트 차는 진정 효과가 있어 편안한 기분을 유도할 수 있습니다.

가공식품과 인공 첨가물

가공식품은 영양소가 부족하고, 인공 첨가물이나 색소, 보존료가 많이 포함되어 있습니다. 특히 인공 색소와 인공 향료, 보존료는 집중력에 부정적인 영향을 줄 수 있습니다.

대표적인 인공 첨가물로는 타르색소(적색 40호, 황색 5호 등), 소르빈산칼륨(보존제), 모노 나트륨 글루타메이트(MSG) 등이 있습니다. 이러한 성분들은 가공식품, 사탕, 음료수, 패스트푸드 등에 포함되어 있습니다. 신선한 식재료로 만든 음식을 섭취하는 것이 중요하며, 가공식품과 인공 첨가물이 포함된 음식을 피하는 것이 좋습니다.

글루텐

글루텐은 밀, 보리, 호밀 등에 포함된 단백질로, 일부 연구에서는 글루텐이 집중력에 부정적인 영향을 미칠 수 있다고 지적하고 있습니다. 글루텐은 소화가 어려워 장 건강에 문제를 일으킬 수 있으며, 특정 아이들에게 소화불량, 복통, 피로감을 유발할 수 있습니다. 글루텐을 섭취하면 뇌의 염증이나 인지 기능 저하가 나타날 수 있기 때문에, 글루텐프리 식단을 고려해 볼 수 있습니다.

유제품

유제품에는 카제인이라는 단백질이 포함되어 있는데, 일부 연구에서는 카제인이 뇌의 신경계에 영향을 준다고 합니다. 또한, 유제품으로 인한 소화불량과 알레르기 반응은 아이의 과잉 행동 및 감정 조절 문제를 유발하기도 합니다.

아몬드 우유, 오트밀크, 코코넛 요거트 등은 유제품을 대신할 수 있는 좋은 대체품입니다.

트랜스지방과 포화지방

트랜스지방과 포화지방은 혈액 순환을 방해합니다. 트랜스지방은 마가린, 패스트푸드, 상업적으로 제조된 간식에 많이 포함되어 있으며, 포화지방은 붉은 고기, 고지방 유제품에 많습니다. 이러한 지방은 신경 세포의 염증을 일으켜 집중력과 기억력을 저하시킬 수 있습니다.

올리브 오일, 아보카도, 견과류 등 건강한 지방이 풍부한 식품을 식단에 포함하는 것을 추천합니다. 이러한 음식은 뇌 기능을 개선하고 정서 안정에 도움을 줍니다.

과일 주스와 인공 음료

과일 주스는 많은 부모들이 건강한 음료로 생각하지만, 시중에서 판매되는 대부분의 제품은 당분이 많이 포함되어 있습니다. 특히 가당 주스는 혈당을 급격히 올린 후, 에너지 급증과 함께 급격한 피로감을 유발합니다. 이러한 급격한 혈당 변동은 집중력에 악영향을 줄 수 있습니다.

과일 주스 대신 천연 과일을 제공하거나 물과 허브차 등으로 대체하는 것이 좋습니다.

균형 잡힌 식단,
이렇게 구성해요

균형 잡힌 식단은 아이들의 집중력과 행동 조절의 토대가 됩니다. 아침, 점심, 저녁은 단백질, 건강한 지방, 복합 탄수화물, 섬유질을 골고루 포함하고, 간식은 혈당을 안정시켜야 합니다. 충분한 수분 섭취도 집중력과 행동 조절에 필수적입니다.

　균형 잡힌 식단은 아이들의 집중력, 행동 조절, 감정 안정을 돕습니다. 많은 아이들이 집중력 저하를 겪을 때, 적절한 영양소가 부족하거나 식단이 불균형한 것을 원인으로 들 수 있습니다. 특히, 집중력 향상에 중요한 영양소가 부족하면 아이들이 학교나 일상에서 주의력을 유지하는 데 어려움을 겪습니다. 따라서 아이들에게 지속 가능한 에너지를 공급하고, 다양한 영양소가 포함된 균형 잡힌 식단을 제공하는 것이 핵심입니다.

　균형 잡힌 식사는 단백질, 건강한 지방, 복합 탄수화물, 섬유질, 비타민과 미네랄이 골고루 포함되어야 하며, 수분 섭취도 중요합니다. 이러한 식단은 아이의 인지 기능, 집중력, 학습 능력에 긍정적인 영향을 미칩니다. 하루 종일 안정적인 혈당을 유지하도록 돕는 식사를 꾸준히 제공하는 것이 바람직합니다.

　다음은 균형 잡힌 하루 식단을 구성할 때 고려해야 할 주요 요소입니다.

아침, 뇌와 몸을 깨우는 첫 끼

아침은 하루를 시작하는 식사로, 에너지를 공급하고 집중력을 높이는 데 주된 역할을 합니다. 특히, 집중력에 어려움을 겪는 아이들은 아침 식사를 거르면 에너지가 부족해져 원활하게 하루를 시작하기 힘들 수 있습니다. 아침에는 단백질과 복합 탄수화물, 건강한 지방이 적절히 결합된 음식을 제공하는 것이 중요합니다. 또한, 과일과 채소를 통해 비타민과 미네랄을 추가하는 것도 좋습니다.

추천 아침 식사 예시

① **오트밀(귀리)**: 섬유질과 복합 탄수화물이 균형 있게 들어 있어 천천히 소화되고, 안정적으로 에너지를 공급합니다. 여기에 아몬드 버터나 호두를 더하여 건강한 지방과 단백질을 보충할 수 있습니다.

② **달걀**: 달걀은 단백질과 오메가-3 지방산을 많이 함유하고 있어 뇌 기능에 좋습니다. 스크램블 에그나 삶은 달걀을 아침에 제공하면 집중력 유지에 도움이 됩니다.

③ **과일**: 베리류(블루베리, 딸기 등)는 항산화 물질을 함유하고 있어 뇌 건강을 촉진하고, 비타민 C가 풍부해 면역 시스템을 강화합니다. 신선한 과일을 섭취하는 것이 좋습니다.

④ **통밀 토스트**: 정제된 흰 빵 대신 통밀이나 퀴노아로 만든 빵을 먹으면 섬유질과 비타민 B군이 가득해 에너지 수준을 일정하게 유지하는 데 도움이 됩니다.

섬유질과 비타민 B군이 풍부한 통밀빵

항산화 물질이 함유된 베리류

점심, 에너지와 집중력을 지속시켜요

점심은 아이들이 학교생활이나 활동을 하면서 꾸준하게 에너지를 유지할 수 있도록 합니다. 충분한 단백질과 복합 탄수화물, 채소를 포함하면 집중력을 높이고 과잉 행동을 완화하는 데 도움을 줄 수 있습니다.

추천 점심 식사 예시

① 현미밥과 닭가슴살: 현미는 복합 탄수화물이 풍부하여 혈당을 천천히 올리고, 에너지를 일정하게 공급해 줍니다. 닭가슴살은 단백질과 비타민 B6가 높아 뇌 기능을 향상에 도움이 됩니다. 여기에 시금치나 브로콜리와 같은 채소를 추가하면 더욱 좋습니다.

② 퀴노아 샐러드: 퀴노아는 완전 단백질을 제공하며, 다양한 채소와 함께 섞으면 비타민과 미네랄을 충분히 섭취할 수 있습니다. 올리브 오일 드레싱으로 건강한 지방을 보충하면 좋습니다.

③ 통곡물 샌드위치: 통밀빵에 닭가슴살, 달걀, 아보카도를 넣으면 단백질과 좋은 지방을 함께 섭취할 수 있습니다. 아몬드 슬라이스, 참깨, 해바라기씨 등을 추가하면 더욱 다양한 영양 섭취가 가능합니다.

완전 단백질이 가득한 퀴노아 샐러드

복합 탄수화물이 풍부한 현미밥

저녁, 신체 회복과 뇌 건강 증진을 도와요

저녁 식사는 아이가 하루를 마친 후 신체를 회복하는 시간입니다. 또한, 뇌 건강을 위한 필수 영양을 공급하는 중요한 시간이기도 합니다. 저녁은 가볍게 먹되, 단백질과 오메가-3 지방산을 충분히 섭취할 수 있도록 구성하는 것이 좋습니다.

추천 저녁 식사 예시

① **연어와 채소**: 연어는 오메가-3 지방산이 많아 뇌 건강에 좋습니다. 시금치, 브로콜리, 애호박 등 다양한 채소와 함께 구워서 먹으면, 비타민 A와 C를 골고루 섭취할 수 있습니다.

② **닭가슴살과 구운 채소**: 닭가슴살은 단백질과 아미노산이 풍부하고, 구운 채소는 섬유질과 비타민이 많습니다. 이러한 조합은 아이가 잘 자고 다음 날 에너지를 충분히 비축할 수 있도록 돕습니다.

③ **렌틸콩 스튜**: 렌틸콩은 식물성 단백질과 섬유질이 함유되어 있어 혈당을 천천히 상승시키고, 균형 있게 에너지를 제공합니다. 다양한 채소와 함께 스튜 형태로 만들면, 맛과 영양이 좋습니다.

닭가슴살과 구운 채소

수분 섭취, 뇌 건강을 위한 필수 요소

수분 섭취는 인지 기능 및 집중력의 필수 요소입니다. 체내 수분이 부족하면 뇌 기능이 저하되어 아이가 학교나 집에서 집중하는 데 어려움을 겪을 수 있습니다. 물은 아이들의 혈액 순환을 돕고, 노폐물을 배출하며, 에너지 유지에도 중요한 역할을 합니다. 하루 동안 충분한 물을 섭취하도록 유도하고, 단 음료나 과일 주스 대신 물이나 허브차를 마시도록 합니다.

영양까지 챙기는
간식 전략

혈당을 안정시키고 뇌에 필요한 영양소를 공급하는 간식을 섭취해야
합니다. 특히 당분이 적고, 단백질과 건강한 지방이 포함된 간식이 좋
습니다. 이와 함께 규칙적인 시간에 제공하는 것이 효과적입니다.

간식은 단순히 허기를 채우는 것을 넘어 집중력과 행동 조절에 도움
이 됩니다. 이 장에서는 건강하고 맛있는 간식 아이디어를 소개해 균형
잡힌 식단을 구성할 수 있도록 도와드립니다.

집중력을 위한 간식에 필요한 핵심 요소

집중력을 높이는 간식에는 뇌 기능을 지원하는 단백질, 건강한 지방,
복합 탄수화물, 그리고 비타민이 포함되어야 합니다. 반면, 당분이 많거

나 인공 첨가물이 과도한 간식은 아이들의 감정과 행동에 부정적인 영향을 줄 수 있으므로, 보다 건강한 메뉴로 대체하는 것이 좋습니다.

단백질: 집중력 향상과 신경 전달 물질의 균형을 맞추는 데 필수적입니다.

건강한 지방: 뇌세포와 신경 전달을 돕는 중요한 요소로, 오메가-3 지방산이 중요합니다.

복합 탄수화물: 혈당의 급격한 변동을 막고, 지속적인 에너지를 제공합니다.

비타민과 미네랄: 뇌 기능과 감정 조절에 중요한 역할을 하는 비타민 B군, 마그네슘, 아연 등이 포함되어야 합니다.

단백질과 건강한 지방을 포함한 간식

아보카도와 오이 샐러드: 아보카도는 건강한 지방과 섬유질이 풍부하여 영양가가 높습니다. 오이와 함께 샐러드를 만들면 상큼하고 가벼운 간식이 되어 아이들이 즐길 수 있습니다. 아보카도의 크리미한 맛과 오이의 아삭한 식감이 어우러져 맛있고 건강한 간식입니다.

달걀과 시금치 샐러드: 달걀은 단백질과 오메가-3 지방산이 많고, 시금치와 함께 먹으면 철분과 비타민을 보충할 수 있습니다. 달걀을 간단히 삶아 시금치와 함께 샐러드를 만들면 영양가 높은 간식이 됩니다.

요거트와 견과류: 그릭 요거트에 아몬드, 호두 등 견과류를 넣으면 단백질과 건강한 지방을 보충할 수 있습니다. 이러한 간식은 뇌에 필요한 에너지를 꾸준히 공급해 집중력 저하를 방지합니다.

복합 탄수화물과 섬유질을 포함한 간식

고구마 스틱: 고구마는 복합 탄수화물과 섬유질 함량이 높아 아이들에게 건강한 에너지를 제공합니다. 고구마를 스틱 형태로 썰어 구우면 바삭한 식감이 나고, 올리브유와 소금을 살짝 뿌리면 맛을 더할 수 있습니다.

통밀 크래커와 치즈: 통밀 크래커는 복합 탄수화물로, 치즈는 단백질과 건강한 지방을 공급합니다. 이 조합은 아이들에게 간단하면서도 영양가 높은 간식입니다.

사과와 땅콩버터: 사과와 땅콩버터는 훌륭한 조합으로, 사과의 섬유질과 땅콩버터의 단백질이 잘 어울립니다. 단, 무첨가 땅콩버터를 사용하는 것이 좋습니다.

오트밀볼: 오트밀은 식이섬유와 복합 탄수화물이 풍부하여 혈당을 천천히 올려주고 포만감을 유지시켜 줍니다. 바나나와 견과류를 섞어 한

입 크기로 동그랗게 빚은 후, 냉장고에서 굳히면 건강한 에너지를 제공하는 간식이 완성됩니다.

건강한 에너지 간식 오트밀볼

간단하고 맛있는 간식

녹차와 견과류: 녹차는 카페인이 적고 항산화 효과가 있어 건강에 도움이 됩니다. 호두나 아몬드 같은 견과류는 건강한 지방을 제공하며 두뇌 건강에 좋습니다. 녹차와 견과류를 함께 섭취하면 아이들의 기분을 안정시키고 집중력을 높이는데 도움을 줄 수 있습니다.

베리 스무디: 블루베리, 딸기, 바나나 등을 넣어 만든 스무디는 아이들이 좋아할 만한 달콤한 음료입니다. 다양한 비타민과 항산화 물질을 제공하며, 식이섬유가 풍부해 소화를 돕습니다.

채소 스틱과 후무스: 당근, 셀러리, 오이 등 다양한 채소에 후무스(병아리콩으로 만든 딥)를 곁들이면 섬유질과 단백질이 어우러진 간식이 됩니다.

채소 스틱은 구운 채소로 대체할 수 있습니다   병아리콩으로 만든 후무스

간식 준비를 위한 팁

간식 준비는 시간 관리와 영양 균형을 고려해야 합니다. 건강한 간식을 제공하는 것은 부모의 역할이지만, 번거로움을 최소화하면서도 간편하게 준비할 수 있어야 합니다.

간식 재료 미리 준비하기: 매주 간식 재료를 미리 준비해 두면 바쁜 아침이나 오후에도 쉽게 간식을 만들 수 있습니다. 예를 들어, 고구마 스틱을 구워 놓거나, 사과를 자르고 치즈를 소분해 놓으면 언제든지 손쉽게 완성할 수 있습니다.

아이와 함께 만드는 간식: 아이가 직접 간식 준비에 참여하면, 간식 시간이 더 즐겁고 의미 있는 시간이 됩니다. 아보카도 샐러드 만들기나 사과에 땅콩버터 바르기 같은 활동은 아이들이 쉽게 참여할 수 있을 뿐만 아니라, 건강한 식습관을 배울 수 있는 기회입니다.

간식 시간을 즐겁고 유익하게

간식은 단순히 음식을 먹는 것이 아니라, 아이가 건강한 식습관을 배우는 시간입니다. 이 시간을 통해 아이들이 긍정적인 경험을 쌓을 수 있도록 배려해야 합니다.

간식 시간에 대화하기: 간식 시간은 가족이 함께 대화를 나누는 시간으로 만들면 좋습니다. 아이가 좋아하는 음식이나 하루 중 있었던 일을 이야기하며 간식 시간을 기분 좋게 보낼 수 있습니다.

간식이 아닌 놀이로: 간식을 준비하면서 아이와 함께 음식 만들기 놀이를 하거나, 간식을 먹으면서 간단한 퀴즈나 게임을 하면, 아이들은 건강한 식습관을 배우는 동시에 즐거운 놀이 시간을 보낼 수 있습니다.

2장

실전

: 건강을 더하는 한끼 레시피

활기찬 아침!
하루를 시작하는 한 그릇

고단백 식사는 안정적인 혈당 유지에 중요한 역할을 합니다. 단백질은 천천히 소화되고 에너지를 서서히 방출시켜 혈당 급변을 막고 집중력을 유지할 수 있도록 돕습니다.

아침 식사는 하루를 시작하는 에너지원으로, 뇌와 신체가 활발히 움직일 수 있도록 도와주는 중요한 식사입니다. 특히 어린이의 집중력과 학습 능력 향상에 큰 영향을 미치므로 더욱 신경 써야 합니다. 아침에 뇌에 필요한 영양소를 공급하지 않으면 하루를 시작하는 데 어려움을 겪을 수 있습니다. 집중력 저하, 기분 불안정, 피로감 등이 나타날 수 있기 때문에 아침에는 고단백 위주의 균형 잡힌 식사를 하는 것이 중요합니다.

통곡물 아보카도 토스트

통곡물 빵 위에 아보카도를 썰어 얹어 줍니다. 아보카도는 불포화지방이 풍부해 뇌 기능과 집중력 향상에 도움을 줍니다. 달걀과 견과류를 함께 곁들여도 좋습니다.

땅콩버터 바나나 토스트

통곡물 빵에 땅콩버터를 바르고 슬라이스한 바나나를 올립니다. 땅콩버터는 단백질과 건강한 지방을 제공하며, 바나나는 천천히 소화되는 탄수화물로 혈당을 안정시킵니다.

달걀 치즈 오믈렛

달걀을 풀어 팬에 부은 후 치즈를 넣어 부드럽게 익힙니다. 달걀은 고단백 식품으로 근육 성장에 도움을 주며, 치즈는 칼슘과 비타민 D가 풍부해 뼈 건강에 좋습니다. 이 오믈렛은 포만감을 오래 유지시켜 주며 아침 식사로 적합한 영양을 제공합니다. 시금치나 버섯을 추가하면 더욱 좋습니다.

오트밀 야채 팬케이크

오트밀은 식이섬유가 풍부하고 소화에 도움을 주며, 혈당 조절에도 좋습니다. 오트밀 가루로 만든 팬케이크는 부드럽고 고소한 맛을 자랑하며, 야채를 추가하면 영양을 더할 수 있습니다. 오트밀 가루를 물이나 우유와 섞어 반죽을 만들고, 여기에 다진 채소를 넣어 잘 섞은 후 팬에 구워 주면 간편하게 완성됩니다.

그래놀라 그릭요거트

그릭 요거트는 일반 요거트에 비해 단백질이 더 풍부하고, 유산균이 살아 있어 장 건강에 도움을 줍니다. 여기에 그래놀라를 추가하면 식이섬유가 풍부해져 소화에 도움이 되며, 고소한 맛과 바삭한 식감이 더해져 맛있게 즐길 수 있습니다.

그래놀라는 오트밀, 견과류, 말린 과일 등을 포함하여 다양한 영양소를 제공하며, 비타민과 미네랄이 포함되어 있습니다.

두부 블루베리 아마씨 스무디

두부와 블루베리, 아마씨, 두유를 함께 믹서로 갈아 스무디를 만듭니다. 두부는 단백질이 풍부하고 아마씨는 오메가-3 지방산이 많습니다.

시금치 감자 스프

시금치는 비타민과 철분이 풍부합니다. 감자를 작은 조각으로 썰어 함께 끓인 후, 시금치를 넣고 부드럽게 익힙니다. 양파와 마늘을 볶고, 육수나 물을 넣어 끓여준 후, 모든 재료가 익으면 블렌더로 갈아 수프 형태로 만듭니다. 우유나 크림을 추가하면 더욱 부드럽고 고소한 맛이 더해집니다. 취향에 맞게 소금과 후추로 간을 하면 완성됩니다. 영양가가 높고, 따뜻하게 먹을 수 있어 아침에 좋은 메뉴입니다.

양송이 채소구이

양송이버섯은 부드럽고 담백하여 아침 식사로 잘 어울립니다. 양송이와 다른 채소를 올리브 오일에 마늘, 소금, 후추로 간을 맞춘 후 구워 주면 맛있는 채소구이가 완성됩니다. 여기에 두부나 닭가슴살을 추가하면 단백질 보충이 가능합니다.

닭고기 채소 볶음밥

단백질이 풍부한 닭고기와 다양한 비타민과 미네랄이 많은 채소는 면역력을 강화하고 피로 회복을 돕습니다. 특히 당근은 비타민 A가 풍부해 눈 건강에 좋습니다. 달걀을 추가하면 단백질 보충은 물론, 뇌 건강에 중요한 콜린을 공급하여 집중력 향상에 효과가 있습니다.

새우 덮밥

새우와 채소를 간장, 다진 마늘, 참기름, 꿀(설탕 대체) 등의 양념에 볶아 따뜻한 밥 위에 올리면 간단하면서도 영양 가득한 한 끼가 됩니다. 새우는 단백질과 오메가-3 지방산이 풍부하여 두뇌 기능과 집중력 향상에 도움을 줍니다. 특히 오메가-3는 뇌의 신경 전달을 원활하게 해 학습 능력을 향상시키는 데 효과적입니다.

TIP 1 피해야 할 고당분 아침 식사

1) 설탕이 많은 시리얼

2) 잼을 바른 흰 식빵 토스트

3) 단맛이 강한 과일 주스

4) 패스트푸드 팬케이크 및 도넛

TIP 2 빠른 아침 식사 원칙

1) 조리 시간이 10분 이내일 것

2) 단백질과 건강한 지방을 포함할 것

3) 설탕과 정제 탄수화물을 최소화할 것

두뇌 활동을 돕는
점심·저녁 영양메뉴 ①

복합 탄수화물(현미, 귀리 등)은 천천히 소화되어 혈당을 안정적으로 유지해 줍니다. 이는 집중력을 높이고, 피로감을 줄이는데 도움이 됩니다. 반면, 정제된 탄수화물(흰빵, 흰밥 등)은 빠르게 소화되어 혈당을 급격히 상승시키고, 이후 혈당이 급격히 떨어지면서 피로감과 짜증을 유발할 수 있습니다.

점심 식사는 하루 동안 안정적인 에너지를 공급하는 중요한 시간입니다. 아이들이 학습을 이어가고 오후에도 활기와 집중력을 유지할 수 있도록 돕는 역할을 하기 때문입니다.

특히, 혈당의 급격한 변화를 막고 뇌 기능을 최적화하는 점심 메뉴는 집중력과 감정 조절에도 도움이 됩니다. 따라서 점심을 구성할 때는 균형 잡힌 영양소와 건강한 식재료를 활용하는 것이 중요합니다.

고단백 식사

단백질은 두뇌 활동에 필수적인 영양소로, 아미노산으로 분해된 뒤 도파민과 노르에피네프린을 생성합니다. 이 두 신경 전달 물질은 집중력, 감정 조절, 충동 억제와 밀접하게 연관되어 있습니다. 특히, 도파민은 보상과 동기부여와 관련된 신경 전달 물질로, 학습 능력과 집중력 향상에 매우 중요합니다. 노르에피네프린은 주의력과 경계를 유지하는 데 필요한 신경 전달 물질입니다.

단백질이 부족하면 이들 신경 전달 물질의 생성이 감소하게 되어 집중력, 기억력, 감정 조절 능력에 영향을 미칩니다. 따라서 집중력 향상과 에너지 유지를 위해 단백질을 충분히 섭취하는 것이 좋습니다. 점심 식사에는 고단백 음식을 포함시키는 것을 추천합니다. 예를 들면, 닭가슴살, 칠면조, 달걀, 두부, 고등어, 연어, 렌틸콩, 퀴노아 등이 있습니다. 이러한 식사는 두뇌 활동을 촉진하고 학습 능력을 향상시킵니다.

고단백 식사는 점심 식사 후 안정적인 혈당 유지에도 중요한 역할을 합니다. 단백질은 소화가 천천히 이루어지면서 서서히 에너지를 방출하여 혈당의 급격한 변화를 방지하고, 집중력을 안정적으로 유지할 수 있도록 합니다.

건강한 지방 포함

뇌는 대부분 지방으로 이루어져 있어, 건강한 지방은 뇌 세포막을 형성하는 데 필수입니다. 불포화지방은 뇌세포의 신호 전달을 돕고, 뇌에서 발생하는 염증을 감소시켜 뇌 건강을 유지하는 데 중요한 역할을 합니다. 때문에 충분히 섭취하면 뇌 기능 향상, 집중력 강화, 기억력 개선에 도움을 줄 수 있습니다. 건강한 지방을 포함한 음식으로는 아보카도, 올리브 오일, 연어, 참치, 호두, 아몬드, 씨앗류(치아씨드, 햄프씨드) 등이 있습니다. 이 음식들은 뇌 건강에 중요한 오메가-3 지방산과 오메가-6 지방산을 제공하며, 신경 세포의 활동을 최적화합니다.

점심에 아보카도나 올리브 오일을 추가하는 것만으로도 아이의 두뇌 활동을 활발하게 할 수 있습니다. 예를 들어, 샐러드에 올리브 오일을 뿌리거나 아보카도를 곁들인 샌드위치를 만들면 건강한 지방을 쉽게 섭취할 수 있습니다. 단백질과 함께 섭취하면 더 효과적으로 집중력과 학습 능력을 높입니다.

복합 탄수화물 사용

복합 탄수화물은 소화가 천천히 이루어져, 혈당을 안정적으로 유지시켜 줍니다. 이는 집중력을 지속적으로 높여 주고, 피로감을 줄여 줍니다. 반면, 정제된 탄수화물(흰빵, 흰밥 등)은 빠르게 소화되어 혈당을 급격히 상승시키고, 이후 혈당이 급격히 떨어지면서 피로감과 짜증을 유발할 수 있습니다.

복합 탄수화물이 풍부한 음식으로는 현미, 귀리, 퀴노아, 고구마, 통밀빵 등이 있습니다. 이러한 음식을 점심에 포함시키면 혈당 변화를 일정하게 유지할 수 있어, 하루의 나머지 시간 동안에도 집중력과 학습 능력을 유지할 수 있습니다.

채소와 섬유질

채소는 비타민, 미네랄, 항산화 물질을 풍부하게 함유하고 있어, 두뇌 건강에 매우 유익합니다. 다양한 채소에는 뇌 기능을 돕는 비타민 B군, 마그네슘, 아연 등의 미네랄이 포함되어 있습니다. 또한, 채소에 포함된 항산화 물질은 뇌의 염증을 줄여 주고, 뇌의 활성화를 돕습니다.

채소에 포함된 섬유질은 소화를 돕고 장 건강을 유지하는 역할을 합니다. 건강한 장은 두뇌 건강과 직결되며, 장에서 분비되는 다양한 호르몬들이 뇌에 긍정적인 영향을 미칩니다. 섬유질이 풍부한 음식은 혈당의 급격한 상승을 방지하고, 지속적으로 에너지를 공급하는 데 도움을 줍니다. 채소는 점심에 반드시 포함해야 할 요소입니다. 브로콜리, 시금치, 당근, 피망, 토마토 등 다양한 색깔의 채소를 골고루 섭취하는 것이 좋습니다.

채소와 함께 섬유질이 풍부한 곡물을 섭취하면 혈당을 천천히 올려주며, 오랜 시간 동안 에너지를 공급할 수 있습니다. 섬유질이 풍부한 식사는 장 건강을 지키면서 혈당을 안정시키고, 집중력을 향상하는 데 큰 도움을 줍니다.

적당한 식사량과 과식 방지

집중력과 에너지를 유지하려면 과식을 피해야 합니다. 과식은 소화에 부담을 주고 혈당 변동을 유발해 아이가 쉽게 피로해지거나 집중력을 잃을 수 있기 때문입니다. 점심은 적당한 양을 섭취하면서도 다양한 영양소를 균형 있게 구성하길 바랍니다.

특히, 점심 메뉴에는 단백질, 건강한 지방, 복합 탄수화물, 채소가 고르게 포함되어야 합니다. 이렇게 균형 잡힌 식사는 아이가 활력 넘치는 하루를 보내는 데 도움이 되며, 집중력과 감정 조절에도 긍정적인 영향을 줍니다.

구운 연어 덮밥

연어는 오메가-3 지방산이 풍부해 뇌 건강에 좋습니다. 연어를 구워서 간장, 참기름, 마늘 등으로 간을 맞춘 후, 밥 위에 올려주면 맛있고 건강한 한 끼가 됩니다.

재료	연어 필렛, 현미밥, 간장, 참기름, 마늘, 미나리, 파
조리법	1 연어를 팬에 구운 후, 간장, 참기름, 마늘로 양념을 합니다. 2 현미밥 위에 구운 연어를 올리고, 미나리나 파를 다져서 올려줍니다.
영양포인트	고단백, 불포화지방, 복합 탄수화물

오리가슴살 구이

오리가슴살은 불포화지방산이 풍부하고 단백질이 많아 건강한 단백질 공급원입니다. 구이로 조리하면 담백하면서도 풍미가 살아나며, 다양한 채소와 곁들이면 더욱 균형 잡힌 한 끼가 됩니다.

재료	오리가슴살, 올리브 오일, 소금, 후추, 로즈마리, 마늘, 버섯, 파프리카
조리법	1 오리가슴살의 표면에 칼집을 내고 소금, 후추, 로즈마리를 뿌려 10분간 재워 둡니다. 2 팬을 중약 불로 달군 후, 오리가슴살의 껍질 부분을 아래로 해서 올려 노릇하게 구워 줍니다. 3 껍질이 바삭해지면 뒤집어 마늘과 버섯을 함께 넣고 익힙니다. 마지막으로 파프리카를 추가해 살짝 볶아 마무리합니다.
영양 포인트	고단백, 불포화지방, 저탄수화물

두유 크림 스파게티

두유를 활용한 크림 스파게티는 유당을 부담 없이 섭취할 수 있는 건강한 요리입니다. 식물성 단백질과 칼슘이 풍부해 뇌 기능과 신체 에너지를 보충하는 데 도움을 줍니다.

재료	스파게티 면, 두유, 양파, 마늘, 버섯, 올리브 오일, 소금, 후추, 파마산 치즈(선택), 파슬리(선택)
조리법	1 스파게티 면을 끓는 물에 삶아 준비합니다. 2 팬에 올리브 오일을 두르고 다진 마늘과 양파를 볶다가 버섯을 추가해 함께 익힙니다. 3 두유를 넣고 끓이면서 소금, 후추로 간을 맞춥니다. 4 삶은 면을 넣고 소스를 충분히 머금도록 섞어 줍니다. 5 그릇에 담고 파마산 치즈와 파슬리를 뿌려 완성합니다.
영양포인트	식물성 단백질, 칼슘, 저지방

두부 오이 참치 비빔밥

두부는 부드러운 식감과 함께 양질의 단백질을 제공하며, 오이는 수분이 풍부하고, 비타민 C와 항산화 물질이 많아 아이의 피부 건강과 면역력 강화에 도움을 줍니다. 부담 없이 소화할 수 있는 한 끼입니다.

재료	두부, 현미밥, 오이, 참치, 김가루, 달걀, 참기름, 간장, 깨
조리법	1 그릇에 현미밥을 담고 두부를 썰어 올립니다. 2 오이를 얇게 썰어 올린 뒤, 참치와 달걀 프라이를 추가합니다. 3 참기름과 간장을 뿌려 간을 맞추고, 김가루와 깨를 뿌려 마무리합니다.
영양 포인트	식물성 단백질, 건강한 지방, 마그네슘

단호박 리조또

단호박은 베타카로틴과 식이섬유가 풍부해 면역력을 높이고, 혈당을 안정적으로 유지해 줍니다. 비타민 B군과 마그네슘도 함유되어 있어 집중력 향상과 신경 안정에 좋습니다.

재료   단호박, 현미밥, 양파, 닭고기(또는 두부), 무염 채소육수, 올리브 오일, 다진 마늘, 파마산 치즈(선택), 소금, 후추

조리법   1 단호박을 껍질째 찐 후 으깨어 준비합니다. 2 팬에 올리브 오일을 두르고 다진 마늘과 양파를 볶다가 닭고기를 넣어 익힙니다. 3 현미밥을 넣고 채소육수를 조금씩 부어가며 저어 줍니다. 4 단호박을 넣고 잘 섞은 뒤, 소금과 후추로 간을 맞춥니다. 5 기호에 따라 파마산 치즈를 약간 뿌려 마무리합니다.

영양포인트   비타민 B군, 마그네슘, 복합 탄수화물

콜리플라워 카레

콜리플라워는 항산화 성분과 식이섬유를 많이 함유해 뇌 건강에 도움을 줍니다. 집중력과 감정 조절을 돕는 영양소가 가득한 한 끼입니다.

재료   콜리플라워, 버섯, 양파, 마늘, 토마토, 코코넛 밀크, 카레 가루, 올리브 오일, 소금, 후추

조리법   1 팬에 올리브 오일을 두르고 다진 마늘, 양파를 볶아 향이 나게 합니다. 2 버섯과 콜리플라워를 넣고 함께 볶다가 토마토를 추가합니다. 3 카레 가루와 코코넛 밀크를 넣고 끓여서 전체적으로 부드럽게 익힙니다. 4 소금과 후추로 간을 맞추고, 원하는 농도가 될 때까지 끓입니다.

영양 포인트   비타민 D, 항산화 성분, 식이섬유

병아리콩 샐러드

병아리콩은 식물성 단백질과 섬유질이 풍부해 뇌와 소화 건강에 도움을 줍니다. 에너지와 집중력 향상에 좋은 영양소를 제공하는 건강한 조합입니다.

재료   병아리콩, 상추, 토마토, 오이, 양파, 간장, 참기름, 마늘, 깨, 후추

조리법   1 병아리콩은 미리 불려 끓여서 준비합니다. 2 상추, 토마토, 오이, 양파는 먹기 좋은 크기로 썰어 그릇에 담고, 병아리콩을 위에 올립니다. 3 깨를 뿌려서 마무리 합니다.

영양 포인트   식물성 단백질, 섬유질

소고기 스튜

소고기 스튜는 단백질과 철분이 풍부하여 뇌와 신체의 에너지를 충전합니다. 혈당을 안정적으로 유지하면서도 포만감을 주어 집중력을 높이는 든든한 한 끼입니다.

재료	소고기(양지 또는 사태), 감자, 당근, 양파, 토마토, 마늘, 토마토 페이스트, 소고기 육수, 올리브 오일, 월계수 잎, 소금, 후추
조리법	1 소고기는 한입 크기로 썰어 소금, 후추로 간을 합니다. 2 냄비에 올리브 오일을 두르고 중불에서 소고기를 노릇하게 구운 후, 다진 마늘과 양파를 넣어 투명해질 때까지 볶습니다. 3 감자, 당근, 토마토를 넣고 함께 볶다가 토마토 페이스트와 소고기 육수를 부어 끓입니다. 4 월계수 잎을 넣고 약불에서 1시간 이상 푹 끓여 고기가 부드러워지면 완성합니다.
영양포인트	단백질, 철분, 비타민 C

버섯 돼지고기 전골

버섯은 면역력 강화와 뇌 기능 향상에 도움을 주는 비타민 D와 셀레늄이 풍부하고, 돼지고기는 고단백과 아연이 풍부해 뇌와 신경 건강에 좋습니다. 따뜻한 국물로 식사 시간을 더욱 풍성하게 만들어 보세요.

재료	돼지고기(목살), 버섯(표고, 느타리, 양송이 등), 양파, 마늘, 대파, 고추, 간장, 된장, 소금, 후추, 물
조리법	1 먼저 돼지고기를 얇게 썰어 양념(간장, 된장, 마늘, 소금, 후추)으로 재워둡니다. 2 팬에 돼지고기를 볶아 기름을 내고, 양파와 마늘을 넣어 향을 낸 후 물을 부어 끓입니다. 3 국물이 끓어오르면 버섯과 대파, 고추를 넣고 10분 정도 더 끓여 맛이 배도록 합니다.
영양포인트	고단백, 아연, 면역력 강화

비트와 채소 쌈밥

비트의 베타인 성분은 세포 손상을 막고 항산화 작용이 탁월합니다. 뇌 건강과 혈액 순환에 도움을 주며, 다양한 채소와 함께 먹으면 집중력 향상에도 도움이 됩니다. 쌈 밥은 필요한 영양소를 풍부하게 제공하면서도 맛있고 보기 좋은 한 끼가 됩니다.

재료	비트, 현미밥, 상추, 깻잎, 당근, 오이, 파프리카, 참기름, 소금, 후추, 간장
조리법	1 비트는 껍질을 벗기고 얇게 썬 후, 살짝 볶아서 준비합니다. 2 현미밥에 참기름과 소금으로 간을 맞추고 고루 섞습니다. 3 상추, 깻잎, 당근, 오이, 파프리카는 적당한 크기로 썰어 놓습니다. 4 그릇에 현미밥을 놓고, 준비된 채소와 비트를 올린 후 간장 소스를 곁들여 쌈을 싸서 먹습니다.
영양 포인트	항산화 성분, 식이섬유, 고단백

두뇌 활동을 돕는
점심·저녁 영양메뉴 ②

저녁 식사에는 수면을 돕는 트립토판과 마그네슘이 풍부한 음식을 포함시키는 것이 좋습니다. 트립토판은 세로토닌과 멜라토닌 생성을 촉진하고, 마그네슘은 신경을 안정시키고 근육 이완을 돕습니다.

저녁 식사는 하루 동안 소비한 에너지를 보충하고, 하루의 마지막 식사로서 편안한 수면을 돕는 역할을 합니다. 저녁에 섭취하는 음식이 수면의 질에 영향을 미칠 수 있기 때문에, 음식의 영양가와 성분에 신경 써야 합니다. 또한 저녁 식사는 가볍게 먹는 것이 좋습니다. 식사가 너무 무겁고 기름지면 수면에 영향을 미쳐, 다음 날 아침부터 피곤함을 느끼거나 집중력이 떨어질 수 있습니다. 따라서 저녁은 적당한 양의 단백질과 섬유질이 풍부한 식사로 구성하는 것이 좋습니다.

저당, 고섬유질 음식

저녁에 당분이 많은 음식을 섭취하면 수면의 질이 낮아질 수 있습니다. 당분이 과다하게 포함된 음식은 혈당을 급격히 올렸다가 빠르게 떨어뜨려 에너지 불균형을 초래하며, 이는 밤 동안 신체를 불안정한 상태로 만듭니다. 이러한 혈당 변화는 집중력과 감정 조절에도 영향을 주어 숙면을 방해합니다.

따라서 저녁에는 저당, 고섬유질 음식을 섭취해야 합니다. 복합 탄수화물인 현미, 퀴노아, 통곡물과 같은 음식은 천천히 소화되며 혈당을 안정적으로 유지합니다. 또한, 채소와 과일도 섬유질이 풍부하여 소화를 돕고, 장 건강을 개선하는 데 유익합니다.

차분한 성분 포함

저녁 식사는 수면을 돕는 성분을 포함시키는 것이 중요합니다. 트립토판과 마그네슘은 대표적인 수면에 도움을 주는 성분입니다. 트립토판은 세로토닌과 멜라토닌의 생성을 촉진하는 아미노산으로, 세로토닌은 기분을 안정시키고, 멜라토닌은 수면을 유도하는 호르몬입니다. 트립토판이 풍부한 음식으로는 닭고기, 달걀, 두부, 우유 등이 있습니다.

마그네슘은 신경을 안정시키고, 근육 이완을 돕는 역할을 하여 수면의 질을 개선하는 데 도움을 줍니다. 마그네슘이 풍부한 음식으로는 시금치, 아몬드, 바나나, 아보카도 등이 있습니다. 마그네슘은 신경계를 진정시키고, 스트레스를 줄이는 효과가 있어 편안한 수면을 취할 수 있도록 돕습니다.

수분 섭취

저녁에는 적절한 양의 수분 섭취도 필요합니다. 탈수는 집중력 저하와 피로를 유발할 수 있으며, 뇌 기능에도 부정적인 영향을 미칩니다. 그러나 저녁에 너무 많은 수분을 섭취하면 밤에 자주 화장실을 가게 되어 수면에 방해가 될 수 있으므로, 적당량을 섭취하는 것이 중요합니다. 물이나 허브차(예: 카모마일 차, 라벤더 차)는 수면을 돕는 성분도 포함되어 있어 적합합니다.

통밀 견과 미트볼 스파게티

통밀 파스타는 일반 파스타보다 식이섬유와 비타민 B군이 풍부하여 소화에 좋고, 견과류는 뇌 건강을 위한 불포화지방산과 비타민 E가 많습니다. 이 메뉴는 단백질과 건강한 지방을 함께 제공해 에너지와 집중력을 높여 주는 맛있고 건강한 한 끼입니다.

재료	통밀 파스타, 다진 돼지고기, 아몬드, 호두, 양파, 마늘, 토마토 소스, 달걀, 파마산 치즈, 소금, 후추, 올리브 오일
조리법	1 양파와 마늘을 다져 올리브 오일에 볶습니다. 2 다진 돼지고기, 다진 견과류, 달걀, 소금, 후추를 넣고 섞어 미트볼 반죽을 만든 후, 동그랗게 빚어 팬에 구워 줍니다. 3 통밀 파스타를 끓여 체에 밭쳐 놓고, 토마토 소스를 팬에 데운 후 구운 미트볼을 넣어 잘 섞어 줍니다. 4 완성된 스파게티 위에 파마산 치즈를 뿌립니다.
영양포인트	고단백, 식이섬유, 불포화지방산

소고기 배추 샤브샤브

배추는 비타민 C와 식이섬유가 풍부해 면역력을 높이고 소화를 돕습니다. 샤브샤브 방식으로 먹으면 채소 본연의 맛을 즐기면서도 건강한 단백질을 함께 섭취할 수 있습니다. 샤브샤브는 빠르고 간편하게 다양한 영양소를 섭취할 수 있는 좋은 방법입니다.

재료	배추, 소고기(샤브샤브용), 대파, 버섯, 두부, 간장, 미림, 마늘, 물
조리법	1 큰 냄비에 물을 붓고, 간장, 미림, 마늘을 넣어 육수를 만듭니다. 2 육수가 끓기 시작하면 소고기와 채소(배추, 대파, 버섯, 두부)를 하나씩 넣어 살짝 데칩니다. 3 각자 원하는 채소와 고기를 건져서 소스와 함께 즐깁니다.
영양포인트	고단백, 비타민 C, 식이섬유

퀴노아 불고기 덮밥

퀴노아는 단백질과 아미노산이 풍부하여 뇌 기능을 지원하는 좋은 탄수화물원입니다. 불고기와 함께 먹으면 단백질과 불포화지방산을 함께 섭취할 수 있습니다. 건강하면서도 맛있는 한 끼로, 다양한 영양소를 고루 먹을 수 있습니다.

재료	퀴노아, 소고기(불고기용), 간장, 설탕, 마늘, 참기름, 파, 배, 깨, 양파, 올리브 오일
조리법	1 퀴노아는 물에 씻어 밥처럼 지어놓습니다. 2 불고기용 소고기는 간장, 설탕, 마늘, 참기름, 배즙으로 양념해 약 30분 동안 재워둡니다. 3 팬에 올리브 오일을 두르고 양파를 볶다가 양념한 쇠고기를 넣어 볶습니다. 4 소고기가 다 익으면 퀴노아 위에 올리고, 파와 깨를 뿌려서 마무리합니다.
영양포인트	고단백, 불포화지방산, 비타민 B군

오븐 닭다리 감자 구이

닭고기는 고단백 저지방 식품으로 뇌 발달과 집중력 향상에 도움을 줄 수 있습니다. 특히 닭다리는 철분과 아연이 풍부하여 혈액 순환을 돕고, 감자는 복합 탄수화물과 식이섬유를 제공하여 에너지 공급원으로 좋습니다. 오븐에서 구우면 기름을 적게 사용하여 더욱 건강한 조리가 가능합니다.

재료	닭다리, 감자, 올리브 오일, 소금, 후추, 마늘, 파프리카 가루, 로즈마리
조리법	1 감자는 껍질을 벗기고 적당한 크기로 썬 뒤, 올리브 오일과 소금, 후추로 간을 합니다. 2 닭다리는 마늘, 소금, 후추, 파프리카 가루, 로즈마리를 넣고 잘 버무립니다. 3 오븐을 180도로 예열하고, 닭다리와 감자를 오븐에 넣어 40~45분간 구워줍니다. 4 중간에 감자와 닭다리를 한 번 뒤집어 고루 익히도록 합니다.
영양포인트	고단백, 복합 탄수화물, 철분, 아연

당근 샐러드

당근은 베타카로틴이 풍부하여 눈 건강에 좋고, 항산화 효과가 뛰어난 채소입니다. 새콤달콤한 드레싱과 함께 가볍게 무쳐내면 아삭한 식감과 상큼한 맛을 즐길 수 있습니다.

재료	당근, 레몬즙, 올리브 오일, 꿀, 소금, 후추, 견과류(호두 또는 아몬드), 파슬리 (선택)
조리법	1 당근은 채 썰거나 얇게 썰어 준비합니다. 2 볼에 레몬즙, 올리브 오일, 꿀, 소금, 후추를 넣고 잘 섞어 드레싱을 만듭니다. 3 채 썬 당근에 드레싱을 골고루 버무려줍니다. 4 견과류를 잘게 부숴 뿌리고, 원하면 파슬리를 추가합니다.
영양 포인트	베타카로틴, 항산화 성분, 비타민C

두부 채소 스테이크

두부는 단백질이 풍부하고 칼로리가 낮아 저녁 메뉴로 좋습니다. 채소는 다양한 비타민과 미네랄을 제공하며, 식이섬유가 풍부해 소화에도 도움을 줍니다. 채소와 두부의 조화로 뇌에 필요한 영양소를 공급하면서도 맛있고 건강한 한 끼가 됩니다.

재료	두부, 당근, 브로콜리, 양파, 마늘, 올리브 오일, 소금, 후추, 허브(로즈마리나 타임 등)
조리법	1 두부는 물기를 제거하고, 적당한 두께로 썬 후, 팬에 올리브 오일을 두르고 양면이 노릇하게 구워 줍니다. 2 당근, 브로콜리, 양파는 적당한 크기로 썰어 올리브 오일에 볶습니다. 3 볶은 채소와 구운 두부를 접시에 놓고, 소금, 후추와 허브로 간을 맞춰줍니다.
영양 포인트	고단백, 비타민 A, C, 식이섬유

양배추롤 토마토 소스조림

양배추롤에 토마토 소스를 넣어 풍미를 한층 더한 요리입니다. 토마토는 라이코펜과 비타민 C가 풍부하여 항산화 효과가 뛰어나며, 양배추는 식이섬유와 비타민 U로 소화 건강을 도와줍니다. 뇌 건강과 면역력 증진에 도움을 줄 수 있는 균형 잡힌 한 끼입니다.

재료	양배추, 다진 닭고기 또는 돼지고기, 당근, 양파, 마늘, 토마토 소스, 소금, 후추, 올리브 오일
조리법	1 양배추 잎을 끓는 물에 살짝 데친 후 물기를 제거합니다. 2 당근, 양파, 마늘을 다져서 올리브 오일에 볶고, 다진 고기를 넣어 볶은 후 소금과 후추로 간을 맞춥니다. 3 볶은 속재료를 양배추 잎에 놓고 롤 모양으로 말아 줍니다. 4 팬에 롤을 놓고 토마토 소스를 붓고 중불에서 20-30분간 졸여서 조리합니다.
영양포인트	비타민 C, 라이코펜, 단백질, 식이섬유

고등어 아보카도 해초 롤

이 요리는 고등어와 아보카도의 풍부한 영양소와 해초의 미네랄이 결합된 맛있는 건강식입니다. 고등어는 오메가-3 지방산과 단백질이 풍부하며, 아보카도는 건강한 지방과 섬유질을 보충합니다. 해초는 미네랄과 항산화물질을 공급해 두뇌 건강에 도움을 줍니다.

재료	고등어(구운 것), 아보카도, 해초 약간, 올리브 오일, 소금, 후추 적당량, 레몬즙
조리법	1 김 위에 밥을 고르게 편 다음 김발 위에 랩을 깔고, 밥이 랩 쪽으로 향하게 놓아줍니다. 2 김 위에 고등어와 아보카도를 올리고, 소금과 후추로 간을 맞춘 후 올리브 오일과 레몬즙을 살짝 뿌려 줍니다. 3 김발을 이용해 롤을 조심스럽게 말아 줍니다. 4 롤을 한 입 크기로 잘라서 접시에 담고, 해초로 장식하여 마무리합니다.
영양포인트	오메가-3 지방산, 단백질, 건강한 지방, 섬유질, 미네랄(아이오딘 등)

혈당을 안정시키는
스마트 간식

정제 설탕과 인공 감미료는 혈당을 급격히 변동시켜 집중력을 저하시킬 수 있으므로 최소화하는 것이 중요합니다. 대신 신선한 채소, 과일, 통곡물 등 자연식 재료를 활용하여 건강한 영양소를 공급합니다.

정제 설탕 및 인공 감미료 최소화

정제 설탕과 인공 감미료는 혈당을 급격히 상승시키고, 그 후 빠르게 하락시킵니다. 이는 어린이의 에너지 수준을 불안정하게 만들 수 있으며, 집중력을 저하시킬 수 있습니다. 가능한 한 자연식 재료를 사용하고, 설탕을 최소화해야 합니다.

자연식 재료 사용

가공된 식품보다는 신선한 재료를 사용하는 것이 좋습니다. 가공식품에는 종종 불필요한 설탕과 화학 첨가물이 포함되어 있어 아이들의 건강에 해로울 수 있습니다. 신선한 채소, 과일, 통곡물, 건강한 지방 등을 사용하면 자연 영양소를 제공할 수 있습니다.

통밀 또띠아 랩

통밀 또띠아와 채소를 활용한 건강한 치킨랩입니다. 통밀은 섬유질이 풍부하여 소화를 돕고, 혈당을 안정시킵니다. 채소와 소스를 더해 맛있고 영양가 있는 간식입니다.

재료	통밀 또띠아, 상추, 토마토, 오이, 닭가슴살(선택), 그릭 요거트, 레몬, 소금, 후추, 올리브 오일
조리법	1 닭가슴살을 올리브 오일에 구운 후 소금과 후추로 간을 맞춥니다. 2 상추와 토마토, 오이를 얇게 썰고, 그릭 요거트와 레몬즙을 섞어 소스를 만듭니다. 3 통밀 또띠아 위에 구운 닭고기와 채소들을 놓고 소스를 뿌린 후, 랩 형태로 말아 줍니다.
영양 포인트	고단백, 섬유질, 건강한 지방, 비타민 C

코코넛 밀크 치아씨 푸딩

코코넛 밀크와 치아씨드로 만든 푸딩은 오메가-3 지방산과 섬유질이 풍부합니다. 치아씨드는 뇌 건강에 중요한 역할을 하는 영양소가 많고, 코코넛 밀크는 건강한 지방을 공급해 뇌의 기능을 돕습니다. 디저트나 간식으로 즐기기 좋은 메뉴입니다.

재료	치아씨드, 코코넛 밀크, 메이플 시럽(또는 꿀), 바닐라 익스트랙, 토핑용 과일(블루베리, 라즈베리 등)
조리법	1 치아씨드를 코코넛 밀크에 넣고 메이플 시럽과 바닐라 익스트랙을 더해 섞습니다. 2 냉장고에 3시간 이상 두어 치아씨드가 물을 흡수하며 푸딩처럼 되도록 합니다. 3 먹기 전, 좋아하는 과일을 토핑으로 올려 먹습니다.
영양 포인트	오메가-3, 섬유질, 항산화제, 건강한 지방

시금치 미니 파이

시금치는 철분과 비타민이 풍부하여 뇌에 산소 공급을 돕고, 집중력을 높이는 데 도움이 됩니다. 크림치즈를 사용해 고소하고 부드러운 식감이 특징이며, 프라이팬으로 간편하게 만들 수 있습니다.

재료	시금치 1줌(데쳐서 물기 제거 후 다진 것), 크림치즈 2큰술, 또띠아 2장, 달걀 1개, 소금, 후추, 올리브 오일
조리법	1 시금치를 살짝 데친 후 물기를 꼭 짜고 잘게 다집니다. 2 볼에 시금치, 크림치즈, 달걀, 소금, 후추를 넣고 섞습니다. 3 또띠아를 반으로 접어 한쪽에 속재료를 올린 후 반달 모양으로 접고 가장자리를 포크로 눌러 밀봉합니다. 4 프라이팬을 중약불로 예열하고, 올리브 오일을 두른 후 앞뒤로 3~4분씩 노릇하게 굽습니다. 5 완성된 파이를 식힌 후 한입 크기로 잘라 먹습니다.
영양 포인트	고단백, 철분, 비타민, 건강한 지방

아몬드 버터와 사과 슬라이스

아몬드 버터는 단백질과 건강한 지방을 제공하여 혈당을 안정시키고, 사과는 섬유질
이 풍부합니다. 간편하면서도 맛있는 간식입니다.

재료	아몬드 버터 2큰술, 사과 1개
조리법	1 사과를 얇게 슬라이스 합니다. 2 아몬드 버터를 슬라이스 한 사과에 찍어 먹습니다.
영양 포인트	단백질, 건강한 지방, 식이섬유, 비타민 C

요거트 견과 바

요거트와 견과류를 활용한 간식은 단백질과 건강한 지방을 공급합니다. 요거트는 장 건강에 좋은 프로바이오틱스를 포함하고 있으며, 견과류는 뇌 기능을 돕는 오메가-3 지방산을 제공합니다.

재료	그릭 요거트, 아몬드, 호두, 해바라기씨, 꿀, 오트밀
조리법	1 그릭 요거트에 꿀을 넣고 잘 섞습니다. 2 아몬드, 호두, 해바라기씨를 다져서 요거트에 넣고, 오트밀과 함께 잘 섞어 줍니다. 3 혼합물을 베이킹 트레이에 고르게 펴고 냉동실에 2시간 정도 넣어 굳힙니다. 4 이후 원하는 크기로 자르면 완성됩니다.
영양포인트	고단백, 오메가-3, 프로바이오틱스, 섬유질

키위 코코넛 요거트

키위는 비타민 C와 자연 당분이 풍부하고, 코코넛 요거트는 프로바이오틱스와 건강한 지방을 제공합니다. 이 간식은 소화를 돕고 혈당을 천천히 올려줍니다.

재료　　　　파인애플, 무가당 코코넛 요거트

조리법　　　파인애플을 적당한 크기로 자르고, 코코넛 요거트를 함께 섞습니다.

영양 포인트　비타민 C, 건강한 지방

단호박 오트밀 쿠키

단호박은 비타민과 섬유질이 풍부하여 소화 건강과 면역력에 좋습니다. 오트밀이 들어간 쿠키는 에너지와 포만감을 줍니다.

재료	단호박 1/2컵(삶아서 으깬 것), 오트밀 1컵(약 90g), 통밀가루 1/2컵(약 60g), 달걀 1개, 꿀 2큰술, 시나몬 가루 1/2티스푼, 베이킹파우더 1/2티스푼, 올리브 오일 2큰술
조리법	1 단호박은 삶아서 으깬 후 1/2컵 분량으로 준비합니다. 2 큰 볼에 으깬 단호박, 달걀, 꿀, 올리브 오일을 넣고 잘 섞어 줍니다. 3 오트밀, 통밀가루, 시나몬 가루, 베이킹파우더를 넣고 고루 섞어 줍니다. 4 준비된 반죽을 숟가락으로 떠서 베이킹 트레이에 간격을 두고 올립니다. 5 오븐을 180도로 예열한 후, 트레이를 오븐에 넣고 15-20분 정도 구워 주면 완성됩니다.
영양 포인트	비타민 A, 섬유질, 고단백

당근 바나나 머핀

당근과 바나나를 활용한 건강한 머핀으로, 천연 단맛을 활용한 저당 간식입니다.

재료	바나나 1개, 당근 간 것 1/2컵, 통밀가루 1컵, 달걀 1개, 시나몬 가루 1/2작은술, 베이킹파우더 1작은술
조리법	1 바나나는 잘 익은 것을 포크로 으깨어 주고, 당근은 껍질을 벗기고 간 후 물기를 제거합니다. 2 큰 볼에 으깬 바나나와 간 당근을 넣고, 달걀을 깨서 넣습니다. 3 시나몬 가루와 베이킹파우더를 넣고 섞어 줍니다. 4 통밀가루를 넣고 가볍게 섞어 줍니다. 4-1 반죽이 너무 질거나 되직하면, 조금 더 섞어가며 원하는 농도를 맞춰 주세요. 5 준비된 반죽을 머핀 틀에 2/3 정도 채운 후, 예열된 180도 오븐에 20-25분간 구워 줍니다. 5-1 꼬치로 찔러서 반죽이 묻어나지 않으면 됩니다. 6 머핀이 다 구워지면 오븐에서 꺼내어 5분 정도 식힌 후 틀에서 꺼내어 완전히 식혀 주세요.
영양포인트	비타민 A, 칼륨, 섬유질

두부 초콜릿 무스

두부와 초콜릿을 활용한 무스는 부드럽고 맛있으면서도 건강한 단백질과 항산화 성분을 제공합니다. 두부는 고단백, 저지방으로 뇌 기능을 지원하며, 초콜릿은 마음을 안정시켜 주는 효과가 있습니다.

재료   연두부 1/2모, 다크초콜릿 50g, 바닐라 익스트랙 약간, 꿀 1작은술(선택)

조리법   1 연두부는 물기를 제거하고 부드럽게 으깬 후, 다크초콜릿은 중탕으로 녹입니다. 2 녹인 초콜릿에 바닐라 익스트랙을 약간 넣고, 으깬 두부에 함께 섞어 줍니다. 3 꿀을 넣고 다시 한 번 잘 섞어 줍니다. 4 컵이나 그릇에 옮겨 담고, 냉장고에 넣어 약 2시간 이상 굳힙니다. 5 무스가 차가워지고 단단해지면, 꺼내어 드세요.

영양포인트   단백질, 항산화

자극 없이
맛있는 자연식 음료

어린이들은 카페인, 인공 감미료, 과다한 설탕이 들어간 음료에 민감
할 수 있습니다. 대신, 몸에 부담을 주지 않는 자연식 음료를 선택하는
것이 좋습니다.

어린이를 위한 건강한 음료 원칙

인공 감미료와 설탕을 최소화해 혈당 변화를 줄이고 에너지가 안정적
으로 유지되도록 합니다.

자연 재료를 사용하면 두뇌 기능 향상 및 감정 안정 효과가 있습니다.

카페인이 없는 음료를 선택하면 신경계 자극을 피하고 차분함을 유지
할 수 있습니다.

바나나 두유 스무디

바나나는 트립토판이 풍부하여 기분 안정에 도움을 줍니다. 두유는 단백질이 풍부해 에너지를 공급하며, 우유에 민감한 아이들에게도 적합한 대체 음료입니다.

재료	바나나, 무가당 두유
조리법	1 바나나를 적당한 크기로 자릅니다. 2 믹서에 바나나, 두유를 넣고 곱게 갈아 줍니다. 3 컵에 담아 아이가 마시기 편하게 준비합니다.
영양포인트	트립토판, 단백질, 비타민 B6

베리 코코넛 워터

코코넛 워터는 전해질이 풍부해 수분 보충에 효과적입니다. 블루베리와 라즈베리는 강력한 항산화제 역할을 하며, 뇌 건강을 보호하는 데 도움을 줍니다. 인공 감미료 없이도 천연 과일의 단맛으로 충분히 맛있습니다.

재료	코코넛 워터, 블루베리, 라즈베리, 얼음 약간(선택)
조리법	1 믹서에 코코넛 워터, 블루베리, 라즈베리를 넣고 부드럽게 갈아 줍니다. 2 원하는 경우 얼음을 추가하여 시원하게 마십니다.
영양포인트	전해질, 항산화제, 비타민 C

아몬드 밀크 코코아

아몬드 밀크는 칼슘과 마그네슘이 풍부해 신경 안정에 도움을 줍니다. 코코아의 플라보노이드 성분은 항산화, 항염증 작용을 합니다. 카페인이 없는 순수한 코코아를 사용하면 더 좋습니다.

재료	무가당 아몬드 밀크, 코코아 가루, 꿀
조리법	1 아몬드 밀크를 약한 불에서 데운 후 코코아 가루를 넣고 잘 저어 줍니다. 2 불을 끄고 꿀을 넣어 단맛을 더합니다. 3 따뜻한 상태로 마십니다.
영양포인트	칼슘, 마그네슘, 플라보노이드

레몬 생강차

생강은 항염 효과가 있으며 레몬은 비타민 C가 풍부하여 면역력을 높여 줍니다.

재료	레몬, 생강, 따뜻한 물, 꿀(선택)
조리법	1 레몬을 얇게 슬라이스하고, 생강도 잘게 썹니다. 2 따뜻한 물에 레몬과 생강을 넣고 5~10분 정도 우려냅니다. 3 원하는 경우 꿀을 추가하여 단맛을 조절합니다.
영양포인트	항염 성분, 비타민 C, 면역력 강화

이런 자연식 음료는 건강하게 수분을 보충하면서 두뇌 기능을 최적화하는 데 도움이 됩니다. 인공 감미료나 카페인이 없어 신경을 자극하지 않으며, 함유된 영양소가 집중력 향상에도 긍정적인 영향을 미칠 수 있습니다. 또한, 아이들이 직접 만들어 보도록 하면 자연스럽게 건강한 식습관을 익힐 수 있는 좋은 기회가 됩니다.

글루텐프리·유제품 프리
맞춤 처방

일부 어린이들은 글루텐, 유제품, 설탕, 인공 색소 등에 민감할 수 있습니다. 음식 일기와 제거식이법을 활용해 아이에게 맞는 최적의 식단을 찾아보세요. 아이가 좋아하는 음식을 건강한 대체 식재료로 만들어 주세요. 온 가족이 함께 건강한 식습관을 실천하면 아이도 쉽게 적응할 수 있습니다.

아이들은 특정 음식 성분에 민감하게 반응할 수 있으며, 이러한 성분들이 집중력을 방해할 수 있습니다. 따라서 식단을 조절하여 아이의 반응을 세심히 관찰하는 것이 필요합니다. 이 장에서는 어린이들에게 흔한 음식 알레르기 및 민감성을 살펴보고, 글루텐프리 및 유제품 프리 맞춤 레시피를 소개하겠습니다.

글루텐 민감성

글루텐은 밀, 보리, 호밀 등에 포함된 단백질로, 소화 문제와 신경계 과민 반응을 유발할 수 있습니다. 연구에 따르면, 글루텐프리 식단을 실천한 후 집중력과 감정 조절이 향상되었다는 보고가 있습니다. 글루텐을 줄이거나 완전히 배제하는 것이 도움이 될 수 있으며, 글루텐이 없는 통곡물(퀴노아, 현미, 아마란스 등)로 대체하는 것이 좋습니다.

유제품 불내증

우유 속 단백질인 카제인(casein) 성분은 염증 반응과 소화 장애를 유발할 수 있습니다. 일부 어린이들은 유당(lactose)을 소화하는 효소가 부족하여 배탈, 복통, 집중력 저하 증상을 경험합니다. 이 경우 유제품을 제한하거나 식물성 대체품(아몬드 밀크, 코코넛 요거트 등)을 사용하는 것이 효과적입니다.

설탕과 정제 탄수화물

사탕, 빵, 과자 등은 혈당을 급격히 상승시키는 음식입니다. 빠르게 혈당이 상승하면 흥분 상태, 과잉 행동, 감정 기복이 심해질 가능성이 큽니다. 천연 감미료(메이플 시럽, 스테비아, 꿀)와 복합 탄수화물(고구마, 귀리 등)로 대체하면 혈당 변화를 줄일 수 있습니다.

인공 색소와 감미료

어린이 중 일부는 인공 색소(타르색소, 식용색소 황색 5호 등)와 감미료(아스파탐 등)에 민감하게 반응할 수 있습니다. 연구에 따르면, 인공 색소와 감미료가 어린이의 충동성과 과잉 행동을 증가시킬 가능성이 있습니다. 가공식품을 피하고, 자연식 재료를 사용하는 것이 가장 좋은 방법입니다.

콩과 대두 제품

대두 단백질이 호르몬과 신경계에 영향을 미쳐 집중력 저하를 유발할 수 있습니다. 특히 가공한 대두(예: 두유, 두부, 대두 단백질 분말)에 민감한 경우가 많습니다. 대체로 콩보다는 견과류, 씨앗류(아마씨, 해바라기씨)에서 단백질을 섭취하는 것이 더 안전합니다.

건강한 식습관을 위해 글루텐프리(Gluten-Free)와 유제품 프리(Dairy-Free) 식단을 고려하는 부모님들이 많습니다. 일부 연구에서는 글루텐과 카제인(유제품 속 단백질)이 ADHD 증상과 관련이 있다고 합니다. 이를 피해 식단을 구성하면 집중력 향상과 감정 조절에 도움을 줄 수 있습니다. 아이들이 맛있게 먹을 수 있는 건강한 글루텐프리 및 유제품 프리 레시피를 소개합니다.

오트밀 죽

오트밀 죽은 간단하면서도 영양이 풍부한 아침 식사로, 혈당을 안정시키고 포만감을
유지하는 데 좋습니다. 오트밀은 뇌 건강에 필요한 복합 탄수화물과 비타민 B군을 제
공해 집중력 향상에 도움이 됩니다.

재료	오트밀 1/2컵, 물 또는 우유 1컵, 꿀 1큰술(선택), 바나나(선택), 견과류(선택)
조리법	1 오트밀과 물 또는 우유를 냄비에 넣고 중간 불에서 끓입니다. 2 끓어오르면 불을 줄이고, 오트밀이 부드럽게 익을 때까지 약 5~7분 정도 끓입니다. 3 원하는 농도가 되면 꿀을 넣어 단맛을 조절하고, 바나나와 견과류를 올려 마무리합니다.
영양포인트	고섬유질, 비타민 B군, 항산화물질, 복합 탄수화물

코코넛밀크 아이스크림

코코넛밀크 아이스크림은 부드럽고 크리미한 질감으로, 유제품이 없는 간식을 찾는 경우, 좋은 대안이 됩니다. 코코넛의 건강한 지방과 자연적인 단맛으로 맛있게 즐길 수 있습니다.

재료	코코넛밀크 2컵, 꿀 또는 메이플 시럽 2큰술, 바닐라 추출물 1작은술, 소금 약간, 다크 초콜릿 또는 견과류(선택)
조리법	1 코코넛밀크, 꿀(또는 메이플 시럽), 바닐라 추출물, 소금을 잘 섞은 후 냉동 보관용 용기에 부어 줍니다. 2 냉동실에 넣고 약 2시간마다 포크로 저어 주어 얼음 결정이 생기지 않도록 합니다. 3 약 4~6시간 후, 부드럽고 크리미한 아이스크림이 완성됩니다. 4 원하는 경우, 다크 초콜릿 조각이나 견과류를 섞어서 풍미를 더할 수 있습니다.
영양 포인트	건강한 지방, 항산화물질, 유제품 없이 만든 아이스크림, 천연 단맛

글루텐프리 브라우니

글루텐프리 브라우니는 밀가루 대신 아몬드 가루를 사용하여 부드럽고 촉촉한 식감
을 유지합니다. 초콜릿의 깊은 맛과 함께 건강한 재료를 사용하여, 글루텐에 민감한
사람들도 안심하고 즐길 수 있는 디저트입니다.

재료	아몬드 가루 1컵, 다크 초콜릿 100g, 코코아 가루 2큰술, 꿀 1/4컵, 달걀 2개, 베이킹파우더 1/2작은술, 소금 약간, 바닐라 추출물 1작은술
조리법	1 다크 초콜릿을 중탕으로 녹이고, 꿀과 바닐라 추출물을 넣어 섞습니다. 2 다른 그릇에서 달걀을 풀고, 아몬드 가루, 코코아 가루, 베이킹파우더, 소금을 섞은 후 초콜릿과 합칩니다. 3 잘 섞인 반죽을 기름을 살짝 칠한 브라우니 팬에 붓고, 180 도에서 약 20-25분간 구워 줍니다. 4 중간에 이쑤시개를 찔러보아 반죽이 묻어 나지 않으면 완성입니다.
영양포인트	글루텐프리, 고단백, 항산화물질, 건강한 지방

글루텐프리 및 유제품 프리 레시피는 맛과 영양을 모두 고려하여 아이들이 건강하게 식사할 수 있도록 도와줍니다. 무조건 글루텐과 유제품을 배제하는 것이 정답은 아니지만, 식습관을 개선하는 하나의 방법으로 시도해 볼 수 있습니다. 앞으로도 아이들이 좋아할 다양한 레시피를 고민하며 건강한 식습관을 만들어 나가길 바랍니다.

개인별 맞춤형 식단 조절법

음식에 대한 반응은 개인마다 다르므로, 최적의 식단을 찾는 과정이 필요합니다. 특정 음식이 어떤 영향을 미치는지 파악하고, 아이의 신체적 · 정신적 건강을 고려해 맞춤형 식단을 구성하는 것이 중요합니다. 이 장에서는 개인별 식단 조절법을 단계별로 설명하겠습니다.

1. 음식 일기 작성하기

왜 음식 일기가 필요할까?

음식과 행동 변화 사이의 상관관계를 찾기 위해서는 체계적인 기록이 필요합니다. 아이가 먹은 음식과 그날의 집중력, 행동 변화를 기록하면 특정 성분에 대한 민감도를 파악할 수 있습니다.

음식 일기 작성 방법

날짜별로 아이가 섭취한 모든 음식과 음료를 기록합니다.

음식 섭취 후 1~2시간 내 아이의 기분, 행동 변화, 집중력 등을 메모합니다.

피부 트러블, 배탈, 두통 등 신체적 증상도 함께 기록합니다.

최소 2주 이상 꾸준히 작성하여 패턴을 분석합니다.

예시)

날짜

음식 섭취 내용

행동 및 집중력 변화

1일차

아침: 우유, 시리얼 / 점심: 스파게티 / 저녁: 치킨, 감자튀김

오후에 집중력 저하, 짜증 증가

2일차

아침: 바나나, 귀리죽 / 점심: 닭가슴살 샐러드 / 저녁: 현미밥, 생선구이

비교적 차분하고 집중력 양호

2. 특정 음식 제거와 반응 확인(제거식이법, Elimination Diet)

제거식이법이란?

2~4주 동안 특정 성분(예: 글루텐, 유제품, 설탕, 인공 색소 등)을 식단에서 완전히 제거한 후, 증상의 변화를 관찰하는 방법입니다. 이후 하나씩 추가하면서 아이의 반응을 확인합니다.

실행 방법

제거할 음식 군을 정합니다. (예: 글루텐, 유제품, 정제 설탕, 가공식품 등)

2~4주 동안 해당 성분이 포함된 음식을 완전히 배제합니다.

아이의 행동, 집중력, 신체적 반응을 기록합니다.

제거 기간이 끝난 후, 한 가지 음식씩 다시 추가하며 반응을 확인합니다.

아이에게 부정적인 영향을 주는 음식은 이후 식단에서 제외합니다.

주의할 점

영양 불균형을 막기 위해 대체 음식을 고려해야 합니다.

갑작스러운 식단 변경이 아닌, 단계적으로 접근하는 것이 중요합니다.

3. 식단 테스트 후 최적화

최적화 과정

음식 일기와 제거식이법을 통해 아이가 어떤 음식에 민감한지 확인합니다.

아이의 건강 상태, 에너지 수준, 행동 변화를 종합적으로 분석하여 맞춤형 식단을 구성합니다.

반응이 좋았던 음식을 중심으로 균형 잡힌 식단을 계획합니다.

예시)

> 기존 식단: 아침 - 시리얼·우유 / 점심 - 햄버거 / 저녁 - 밀가루 반죽 피자
>
> 개선 식단: 아침 - 귀리죽·바나나 / 점심 - 닭가슴살 샐러드 / 저녁 - 현미밥과 생선구이

4. 아이가 좋아하는 건강한 대체 음식 찾기

어린이들은 익숙한 음식을 선호하는 경우가 많기 때문에, 기존에 좋아하는 음식을 건강한 대체 재료로 만들어 제공하는 것이 중요합니다.

<대체 음식 아이디어>

기존 음식	건강한 대체 음식
밀가루 팬케이크	바나나 오트밀 팬케이크
초콜릿 과자	코코아 견과류 에너지볼

감자튀김	고구마 오븐구이
달콤한 요거트	무가당 그릭요거트 + 블루베리
탄산음료	천연 과일 탄산수

5. 온 가족이 함께 실천하기

맞춤형 식단을 아이만 실천하는 것이 아니라, 가족 전체가 함께하면 식단을 유지하기 쉬워집니다.

가족이 함께 실천하는 방법

집에서 가공식품과 정제 탄수화물을 줄이고 건강한 식재료를 사용합니다.

가족이 함께하는 식사 시간을 만들어 아이가 건강한 식단을 긍정적으로 받아들이도록 합니다.

부모와 형제자매가 아이와 동일한 건강 간식을 즐기는 모습을 보이면 아이의 거부감이 줄어듭니다.

개인별 맞춤형 식단을 실천하면서 아이의 건강과 집중력을 개선하는 것이 목표입니다. 아이의 반응을 세심하게 살펴보며 유연하게 식단을 조정하세요.

3장

완성

: 아이와 함께 만드는 똑똑한 식탁

부모와 아이,
요리로 소통하라!

아이들은 직접적인 경험을 통해 집중력과 창의력을 기를 수 있습니다. 함께 요리하는 과정에서 건강한 식습관을 배우고, 성취감을 느낄 수 있도록 다양한 방법을 활용해 보세요.

어린이를 위한 요리의 장점

집중력 향상: 단계별로 따라 해야 하는 요리 과정은 아이들의 집중력을 기르는 데 효과적입니다.

감각 발달: 다양한 재료를 만지고 냄새 맡으며 촉각과 후각을 자극할 수 있습니다.

책임감 형성: 직접 만든 요리를 먹는 과정에서 성취감을 느끼고 자존감을 키울 수 있습니다.

건강한 식습관 형성: 가공식품보다 건강한 재료를 고르는 법을 배울 수 있습니다.

어린이와 함께하기 좋은 요리 활동

🍲 재료 다듬기 및 준비

아이들이 손쉽게 참여할 수 있는 간단한 과정부터 시작하세요.

바나나를 자르거나, 샐러드용 채소를 씻는 것부터 함께해 볼 수 있습니다.

채소를 손으로 찢거나, 반죽을 주무르는 과정은 감각을 자극해 집중력을 높이는 데 도움을 줍니다.

🍲 색깔과 모양을 활용한 요리

아이들은 시각적 자극에 반응을 잘 하기 때문에 다양한 색상의 재료를 사용하는 것이 좋습니다. 빨강(파프리카, 토마토), 초록(브로콜리, 시금치), 노랑(단호박, 옥수수) 등으로 다채로운 음식을 만들어 보세요.

모양을 바꿔 주면 흥미를 유발할 수 있습니다. (예: 쿠키 커터를 활용해 재미있는 모양의 샌드위치 만들기)

🌸 간단한 반죽 요리

반죽을 만지는 것은 촉각 발달에 도움이 됩니다. 밀가루 대신 오트밀, 아몬드 가루, 병아리콩 가루를 사용하면 더욱 건강한 요리를 만들 수 있습니다.

반죽을 활용한 건강한 요리 예시: 글루텐프리 팬케이크, 귀리 쿠키, 고구마 도넛

⚙ 건강한 DIY 스낵 만들기

아이들은 단 음식에 대한 욕구가 크지만, 정제 설탕은 피해야 합니다. 직접 건강한 간식을 만들어 보는 것도 좋은 방법입니다.

바나나 롤업: 바나나를 아몬드 버터와 함께 또띠아에 말아 먹기

에너지볼: 오트밀, 견과류, 꿀을 섞어 동그랗게 만들어 냉장고에서 굳히기

홈메이드 그래놀라 바: 귀리, 견과류, 코코넛 오일, 꿀을 섞어 오븐에서 구워내기

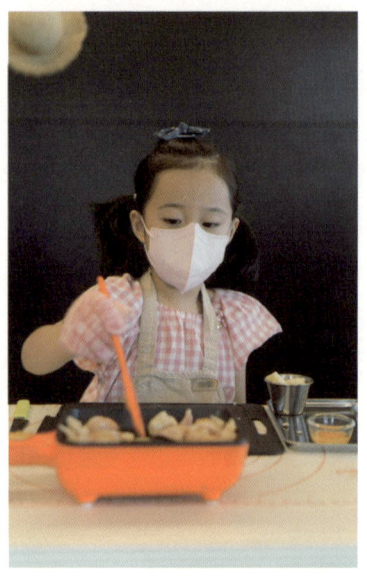

⬡ 간단한 요리 실험 놀이

아이들이 직접 재료를 배합하면서 맛과 식감이 어떻게 변하는지 실험할 수 있습니다.

예를 들면, 같은 반죽을 두 가지 방식(오븐 vs 프라이팬)으로 조리해 보고 차이를 비교해 보는 것도 흥미로운 경험이 됩니다.

요거트나 두유를 사용한 간단한 발효 실험도 해 볼 수 있습니다.

어린이를 위한 요리 팁

짧고 간단한 단계로 나누기

아이들은 한 번에 많은 정보를 받아들이기 어려울 수 있습니다. 그렇기 때문에 짧고 명확하게 단계별로 나누어 설명하는 것이 중요합니다.

눈으로 볼 수 있는 레시피 카드 활용

아이들이 직접 따라할 수 있도록 그림과 함께 요리 과정을 정리한 레시피 카드를 준비하면 집중력을 높일 수 있습니다.

시간제한을 두어 집중력 높이기

시간이 길어지면 쉽게 지루해할 수 있으므로, "이 재료를 5분 안에 준비해 볼까?"처럼 시간제한을 두는 것이 효과적입니다.

성취감을 높여주기

아이가 만든 요리를 가족들과 함께 먹으며 아낌없이 칭찬해 주세요. "네가 만든 샐러드 덕분에 오늘 식사가 더 맛있었어!"처럼 긍정적인 피드백을 주면 아이의 자신감이 높아집니다.

추천 요리 활동과 레시피 예시

🌼 알록달록 채소 샐러드 만들기

다양한 색깔의 채소(당근, 오이, 토마토, 파프리카 등)를 준비합니다.
아이가 직접 손으로 찢거나 작은 칼을 사용해 채소를 자르게 합니다.
올리브 오일과 레몬즙을 뿌려 간단한 드레싱을 만들어 곁들입니다.

⚙ DIY 초간단 피자 만들기

통곡물 또띠아 위에 토마토 소스를 바르고 치즈 대신 두부 크럼블을 올려줍니다.
색깔이 다양한 채소(버섯, 피망, 올리브 등)를 토핑으로 추가합니다.
오븐에서 10분간 구워 완성합니다.

🏵 미니 샌드위치 만들기

다양한 빵(통밀빵 등)을 준비합니다.

아이들이 좋아하는 재료(치즈, 햄, 상추, 토마토, 오이 등)를 준비하여,

각자 원하는 재료를 선택하게 합니다.

빵에 치즈, 햄 등을 올리고, 샌드위치를 만든 후 반으로 잘라서 먹기 좋은 크기로 나눕니다.

샌드위치를 예쁘게 꾸밀 수 있는 다양한 소스나 재료(올리브, 미니 토마토 등)를 곁들여 줍니다.

오감을 자극하는
감각 발달 활동

요리는 오감을 자극하며 감각 발달과 집중력 향상, 자기 조절 능력에 도움을 줍니다. 반죽을 만지거나 다양한 색깔의 재료를 활용하는 등 촉각, 시각, 후각, 미각, 청각을 활용한 요리 활동은 아이들의 감각 경험을 확장합니다.

일부 아이들, 특히 ADHD를 앓고 있는 경우, 종종 감각 처리에 어려움을 겪습니다. 이 장에서는 어린이를 위한 감각 발달 중심의 요리 활동과 그 방법을 자세히 소개하겠습니다. 즐겁고 건강한 요리 활동을 통해 아이들이 다양한 감각을 경험하고 성장할 수 있도록 도와주세요.

감각 발달을 돕는 요리의 장점

다양한 감각 경험 제공

요리는 단순한 조리 과정이 아니라 다양한 감각을 자극하는 활동입니다.

시각: 색색의 식재료를 활용해 아이들의 흥미를 끌 수 있습니다.

촉각: 손으로 직접 반죽을 만지고 식재료를 다듬으면서 촉감을 느낄 수 있습니다.

후각: 허브, 향신료, 과일 등 다양한 향을 경험하며 후각 발달을 도울 수 있습니다.

미각: 다양한 맛을 경험하며 편식을 줄이고 새로운 음식에 도전할 기회를 제공합니다.

청각: 요리 과정에서 나는 소리(튀기는 소리, 끓는 소리 등)를 듣고 감각을 확장할 수 있습니다.

집중력과 문제 해결 능력 향상

요리는 단계별 과정이 있는 활동으로, 집중력을 기르는 데 도움이 됩니다. 또한, 아이가 직접 요리하면서 문제 해결 능력을 키우고 성취감을 느낄 수 있습니다.

자기 조절 능력 향상

요리를 하는 과정에서 순서를 지키기, 손 씻기, 도구 사용법 등 필요한 규칙을 배웁니다. 이러한 과정은 자기 조절 능력을 기르는 데 효과적입니다.

감각 민감성 조절

특정 음식의 질감이나 향에 예민한 아이들에게 요리는 새로운 재료를 조금씩 경험하며 감각을 확장시켜 볼 수 있는 기회입니다. 예를 들어, 질감에 민감한 아이는 반죽 활동을 통해 서서히 적응할 수 있습니다.

감각 발달을 위한 요리 활동 아이디어

촉각을 자극하는 요리 활동

반죽 만들기: 쿠키, 빵, 피자 도우를 직접 반죽해 보며 다양한 촉감을 경험할 수 있습니다.

젤리와 푸딩 만들기: 말랑말랑한 질감을 직접 만지며 감각을 익힐 수 있습니다.

과일과 채소 손질하기: 오이 껍질을 벗기거나 바나나를 손으로 으깨 보는 등 손을 많이 사용하는 활동을 추천합니다.

견과류와 씨앗 정리: 해바라기씨나 아몬드를 손으로 집어 정리하는 활동은 소근육 발달에도 도움이 됩니다.

머핀 만들기

시각을 자극하는 요리 활동

컬러풀 샐러드 만들기: 빨간 토마토, 노란 파프리카, 초록 브로콜리 등 다양한 색깔의 채소를 활용합니다.

무지개 스무디 만들기: 블루베리(보라색), 망고(노란색), 시금치(초록색) 등 색상이 뚜렷한 재료를 층층이 쌓아 만든 스무디는 시각적인 즐거움을 줍니다.

과일 아트: 과일을 다양한 모양으로 잘라 얼굴, 동물 모양을 만들어 보는 활동은 창의력을 자극합니다.

색깔 맞추기 요리: "빨간색 음식만 넣어 볼까?" 또는 "초록색 채소는 어떤 게 있을까?"와 같은 놀이를 하며 색을 분류하는 활동을 통해 집중력을 기를 수 있습니다.

다양한 색깔 면

후각을 자극하는 요리 활동

향신료 체험하기: 계피, 바질, 로즈마리 등 다양한 허브와 향신료의 향을 맡아 보며 비교하는 활동은 후각 발달에 도움이 됩니다.

커피콩 갈기: 커피콩을 직접 갈면서 고소한 향을 맡아 보는 활동은 후각뿐만 아니라 촉각과 청각도 함께 자극할 수 있습니다.

과일과 허브차 만들기: 레몬, 오렌지, 생강 등을 활용하여 허브차를 우려 향의 변화를 경험할 수 있습니다.

향 맡기 놀이: 허브(바질, 로즈마리)나 향신료(계피, 코코아 가루)를 맡아 보며 "어떤 냄새가 날까?", "기분이 좋아지는 향이야?" 같은 질문을 던져 봅니다.

허브 향 맡기 놀이

미각을 자극하는 요리 활동

맛 비교하기: 단맛(바나나)과 신맛(레몬)을 비교해 보며 자연스럽게 음식에 대한 관심을 유도할 수 있습니다.

새로운 맛 경험하기: 아이가 한 번도 먹어 보지 않은 음식을 맛보며 "이건 어떤 맛일까?"라고 묻고 표현하게 해 보세요.

신맛 느껴보기

청각을 자극하는 요리 활동

튀김과 지글지글 소리 듣기: 팬에 음식이 구워질 때 나는 소리를 듣고 익어가는 과정을 관찰할 수 있습니다.

오븐 소리 듣기: 오븐에서 음식이 구워질 때 나는 소리를 집중해서 들어보는 활동은 청각을 예민하게 만드는 데 도움을 줍니다.

재료 다지기: 채소를 칼로 썰 때 나는 소리를 듣거나 믹서로 재료를 갈면서 나는 소리를 경험할 수 있습니다.

팬에 음식이 구워질 때 나는 소리 듣기

식사 시간이
즐거워지는 마법

식사 시간을 즐거운 경험으로 느끼도록 해야 합니다. 강요하지 않고 재미있는 활동으로 접근하면 아이의 자존감과 집중력을 함께 높일 수 있습니다.

아이들은 식사 시간에 집중하기 어려워하거나 음식을 거부하는 경우가 종종 있습니다. 식사 시간을 긍정적인 경험으로 바꿀 수 있는 방법들을 구체적으로 알아보겠습니다.

아이가 직접 만든 요리를 식탁에 올리기

아이가 직접 요리해 보는 것은 매우 즐거운 활동입니다. 뿐만 아니라, 직접 만든 요리를 가족과 함께 먹는 경험은 큰 성취감을 줍니다. 아이가 만든 음식이 식탁에 올라오고, 가족이 함께 칭찬하며 즐기는 시간을 보내면, 아이는 자신의 노력에 자부심을 느끼고 식사 시간을 긍정적인 시간으로 기억하게 됩니다.

실제 예시:

아이가 샐러드를 만든다면, 채소를 씻고 자르고, 다양한 토핑을 올리는 과정에서 자연스럽게 식사로 연결됩니다.

간단한 스무디나 주스를 만들며, 재료를 믹서에 넣고 돌리는 과정도 아이들에게 즐거운 활동이 될 수 있습니다.

이러한 활동을 통해 아이는 자신의 행동이 결과를 만든다는 점을 인식하게 되며, 이는 성취감을 강화하고 자존감을 높이는 데 도움이 됩니다.

또한, 음식을 준비하면서 부모와의 유대감도 강화할 수 있어 가족 간의 관계도 돈독해집니다.

식사 전 '요리 놀이'로 자연스럽게 참여 유도

식사 시간이 되면 바로 식탁에 앉기보다는 간단한 요리 놀이를 통해 자연스럽게 식사로 이어지도록 하는 방법이 효과적입니다. 예를 들어, 샐러드에 토핑을 올리거나 과일을 색다르게 썰어 플레이팅하는 활동은 아이들에게 재미있는 참여 기회를 제공합니다. 이런 간단한 요리 활동을 통해 아이들은 자연스럽게 식사로 넘어갈 수 있습니다.

실제 예시:

아이에게 샐러드 재료를 준비시키고, 다양한 토핑(치즈, 견과류, 과일 등)을 올려보도록 유도합니다. 아이가 정할 수 있는 재료를 다양하게 준비하면, 아이가 더 적극적으로 참여하려 할 것입니다.

간단한 샌드위치나 햄버거를 만들 때, 빵과 재료를 자유롭게 조합해 보는 놀이를 하며 식사로 이어질 수도 있습니다.

이 방법은 단순히 '밥을 먹자'라는 지시에서 벗어나, 아이가 식사 시간에 즐겁게 참여하고 주도할 수 있도록 돕습니다. 아이에게 요리 과정을 통해 주도권을 주면, 자연스럽게 식사에 대한 흥미와 집중력을 높일 수 있습니다.

강요 없이 음식에 대한 호기심을 자극하기

아이들은 음식을 거부하거나 먹는 것에 대한 흥미를 잃기 쉽습니다. 이럴 때 중요한 점은 음식을 강요하기보다는 호기심을 유도하는 것입니다. "이건 어떤 맛일까?", "이 재료는 어디에서 왔을까?"와 같은 질문을 던지면 아이의 흥미를 끌어낼 수 있습니다. 아이가 음식에 대해 스스로 질문을 하고, 그 답을 찾아가는 과정은 식사에 대한 흥미를 불러일으키는 데 효과적입니다.

"이 과일은 우리가 어디서 구할 수 있을까? 이 과일이 자라는 나라는 어디일까?"와 같은 질문을 던지며 아이가 음식에 대해 호기심을 갖도록 유도해 보세요.

"이건 어떤 맛일까? 처음 먹어 보는데 궁금해!"라는 말로 아이가 새로운 음식을 시도해 보게 하는 것도 좋은 방법입니다.

이와 같은 대화 방식은 아이가 스스로 음식을 탐색하고, 음식을 재미있는 경험으로 받아들일 수 있도록 도와줍니다.

시각적인 요소 활용하기(색깔 접시, 예쁜 플레이팅)

아이들은 시각적인 자극에 민감하게 반응하는 경향이 있습니다. 이를 고려해 식사 환경을 시각적으로 잘 구성하면 아이의 집중력을 높이는 데 도움이 됩니다. 밝은 색의 접시나 예쁜 플레이팅은 음식에 대한 관심을 유도하고, 식사 시간을 더욱 즐겁고 흥미롭게 만들어 줄 수 있습니다.

실제 예시:

색깔이 다양한 접시를 사용하거나, 음식에 재미있는 모양을 만들어 보세요. 예를 들어, 동물 모양으로 주먹밥을 만들거나, 다양한 색의 채소를 이용해 샐러드를 꾸미는 것 등은 아이의 흥미를 끌 수 있습니다. 다양한 모양의 컵이나 그릇을 사용하여 시각적인 변화를 주면, 아이가 식사 시간에 더욱 집중할 수 있습니다.

시각적인 요소를 활용한 식사

아이와 함께하는 요리 활동의 중요성

식사 시간이 단순한 영양 보충을 넘어서, 재미있는 활동이 될 수 있도록 만드는 것이 중요합니다. 요리를 놀이처럼 접근하면, 아이들은 자연스럽게 음식을 준비하고, 그 결과물을 먹는 것에 대해 긍정적으로 인식하게 됩니다. 또한, 손을 많이 사용하는 활동(반죽하기, 꼬치 만들기, 샐러드 플레이팅 등)은 아이의 집중력을 향상시키는 데 큰 도움이 됩니다.

더불어, 촉각, 후각, 시각 자극을 활용한 요리 활동은 아이의 감각 발달에 긍정적인 영향을 미칩니다. 예를 들어, 다양한 질감의 재료를 만지거나, 향긋한 허브의 냄새를 맡으며 요리 활동을 하는 것은 아이의 자기 조절 능력을 향상시키는 데 도움을 줄 수 있습니다. 이러한 경험을 통해 아이는 음식을 단순히 먹는 것이 아니라, 요리하는 과정에서 즐거움을 찾고, 식사 시간에 대한 바람직한 태도를 형성하게 됩니다.

손을 많이 사용 하는 활동: 꼬치 만들기

잘 먹는 아이의
식사 환경

규칙적인 식사 시간, 불필요한 자극 최소화, 칭찬과 긍정적인 대화는
아이가 편안하게 식사할 수 있도록 돕습니다. 또한, 자율성을 부여하
되 일정한 구조를 유지하고, 감각적 요소까지 고려한다면 더욱 효과적
인 식사 환경을 만들 수 있습니다.

부모의 작은 노력으로 큰 변화를 이끌어 낼 수 있는 좋은 방법 중에 하
나는 바로 올바른 식사 환경을 조성하는 것입니다. 아이가 긍정적인 식
사 경험을 쌓을 수 있도록 실용적인 방법들을 꾸준히 시도해 보세요. 부
모의 지지와 이해가 뒷받침된다면, 아이는 건강한 식습관을 기르고 식
사 시간을 더욱 즐겁게 보낼 수 있습니다.

식사 환경의 중요성

식사 환경은 누구에게나 중요합니다. 특히 ADHD(주의력결핍 과다행동장애) 어린이에게는 매 순간마다 집중력과 감정 조절이 엄청난 미션처럼 느껴질 수 있습니다. 그렇기 때문에 식사 시간은 아이가 하루 동안 필요한 에너지를 보충하는 중요한 일상임에도 불구하고 스트레스로 다가올 수 있습니다. 종종 산만하거나 식사 중 불안감을 느끼고 자리를 뜨려 할 수 있기 때문입니다. 따라서 부모나 보호자는 아이가 안정적으로 식사할 수 있도록 편안한 환경을 만드는 것이 중요합니다. 긍정적인 식사 환경은 집중력을 향상시키고, 음식을 통해 필요한 영양소를 잘 흡수할 수 있게 돕습니다.

규칙적인 식사 시간

아이들은 일관된 규칙과 루틴이 필요한데, 특히 식사 시간에 규칙성을 부여하는 것이 중요합니다. 일정한 시간에 식사를 하도록 해 아이가 그 시간에 집중할 수 있도록 도와주세요. 규칙적인 식사 시간은 아이에게 안정감을 주고, 불안함을 줄이며, 식사 시간을 예측할 수 있게 하여 집중력을 높일 수 있습니다.

식사 시간이 너무 길어지지 않도록 하세요

식사 시간이 지나치게 길어지면 아이가 집중하기 어렵고, 흥미를 잃을 수 있습니다. 보통 20분에서 30분 정도가 적당하며, 긴 시간 동안 먹을 경우 짧은 휴식을 취한 후 다시 시작하는 방식으로 시간을 나누는 것도 좋습니다.

산만한 자극 줄이기

식사 시간에 불필요한 자극은 아이의 집중력을 방해할 수 있습니다. 특히 주변 소음이나 자극에 민감하여 식사에 집중하지 못할 수 있습니다. 따라서 식사 시간을 위한 환경을 차분하고 조용하게 만드는 것이 중요합니다.

TV나 스마트폰 사용 제한

식사 중에 TV를 보거나 스마트폰을 사용하는 것은 식사에 집중하는 데 방해가 됩니다. 가능한 한 식사 시간 동안은 전자기기를 사용하지 않도록 하여 아이가 음식과 대화에 집중할 수 있도록 도와주세요.

차분한 음악

음악을 들려주는 것도 좋습니다. 그러나 음악의 종류나 소리 크기에 신경 써야 합니다. 너무 시끄럽거나 자극적인 음악은 오히려 산만하게 만들 수 있으므로, 차분한 배경 음악을 선정하는 것이 좋습니다.

시각적으로 정돈된 공간

시각적인 자극에 민감한 아이들이 있습니다. 이런 경우 식사 공간을 깔끔하고 정돈된 상태로 유지하는 것이 중요합니다. 과도한 장식이나 불필요한 물건은 아이가 집중하기 어려운 환경을 만들 수 있습니다.

간단하고 깔끔한 테이블 세팅

식탁 위에는 필요한 물건만 두고, 복잡한 장식이나 과한 음식은 피합니다. 음식도 깔끔하게 세팅하고, 아이가 쉽게 먹을 수 있도록 정리하는 것이 좋습니다. 각종 색상이나 패턴이 너무 많으면 아이가 집중하기 어려워지므로, 단순한 색상 조합을 추천합니다.

분리된 식사 공간

만약 가능하다면, 식사 공간을 다른 활동을 위한 공간과 분리하는 것도 좋습니다. 아이가 식사 시간에 집중할 수 있도록 다른 활동과 공간을 명확하게 구분 지어 주세요.

긍정적인 대화와 칭찬

아이들은 종종 자신감을 잃거나 부정적인 생각에 빠질 수 있습니다. 따라서 식사 시간에도 긍정적인 대화와 칭찬이 중요합니다. 아이가 식사에 집중하거나 음식을 잘 먹었을 때는 아낌없는 칭찬과 함께 아이의 노력을 인정해 주는 것이 좋습니다.

'잘했어요!'라고 말하기

아이의 식사 습관이 개선되었거나 음식에 집중한 모습이 보일 때, 아낌없이 격려해 주세요. 긍정적인 피드백은 아이가 계속 노력하게 만듭니다.

음식에 대한 친근한 태도

특정 음식에 거부감을 보이는 아이도 있습니다. 이때 음식에 대한 친근한 태도를 보여 주는 것이 중요합니다. "이 음식은 우리 몸에 좋고, 뇌에 도움이 되는 음식이야!"와 같은 말을 통해 아이가 음식을 친숙하게 인식하도록 합니다.

자율성을 부여하되, 구조를 유지하기

아이들은 자율성이 주어질 때 더 잘 반응하지만, 일정한 구조가 함께할 때 더욱 효과적입니다. 아이가 직접 음식을 고를 수 있도록 하고, 선택할 수 있는 범위를 미리 정해 주면 더욱 안정적으로 결정할 수 있습니다.

음식 선택의 자유와 제한

아이에게 여러 가지 음식 선택지를 제공하고, 그 중에서 건강하고 균형 잡힌 선택을 할 수 있도록 합니다. 예를 들어, "이 두 가지 간식 중에서 무엇을 먹고 싶어?"와 같이 보기를 제공하되, 그 예시가 건강한 옵션이어야 합니다.

식사 중 규칙 지키기

자율성을 부여하는 동시에, 기본적인 식사 규칙을 지킬 수 있도록 유도합니다. "음식을 먹기 전에 손을 씻기" 또는 "음식을 다 먹고 나서 대화하기"와 같은 간단한 규칙을 지키도록 함으로써 아이가 자연스럽게 식사 예절을 익힐 수 있습니다.

가족과 함께하는 식사

가능한 한 가족 모두가 함께 식사를 하며, 서로의 이야기를 나누는 시간을 만들어 보세요. 대화는 아이의 집중력을 높이고, 유대감을 형성하는 데 중요한 역할을 합니다.

스트레스 없는 환경

식사 시간에 스트레스나 압박감을 주지 않도록 합니다. 아이가 음식을 다 먹지 않아도 괜찮고, 천천히 먹을 수 있도록 하여, 강요하거나 다그치지 않도록 합니다.

감각적 요소 고려하기

일부 아이들은 감각 자극에 민감할 수 있기 때문에, 식사의 감각적 요소를 고려하는 것도 중요한 부분입니다.

음식의 색깔과 질감

음식의 색상이나 질감도 아이의 집중에 영향을 미칠 수 있습니다. 다양한 색깔의 음식을 제공하거나, 부드럽고 씹는 재미가 있는 음식을 준비하면 아이가 식사에 더 흥미를 느끼고 집중할 수 있습니다.

적절한 온도의 음식 제공

음식의 온도도 아이가 편안하게 먹을 수 있도록 고려해야 합니다. 너무 차갑거나 뜨거운 음식은 불편할 수 있으므로, 아이가 잘 먹을 수 있는 적당한 온도로 준비해야 합니다.

아이가 식사 시간에 집중할 수 있도록 돕는 정돈된 공간

자주 묻는 질문과
유용한 팁

Q1 우리 아이가 너무 빨리 먹어요. 어떻게 해야 하나요?

식사에 집중하기 어렵고, 음식을 빠르게 먹는 아이들이 있습니다. 이로 인해 음식이 제대로 씹히지 않고 소화 불량을 일으킬 수 있습니다.

tip

1. **작은 숟가락과 작은 포크 사용하기** 한 번에 너무 많은 양을 입에 넣지 않도록 작은 숟가락이나 작은 포크를 사용해 아이가 조금씩 천천히 먹을 수 있도록 유도합니다.

2. **바삭한 식감의 음식 포함하기** 당근, 견과류와 같이 씹는 데 시간이 필요한 음식을 제공하여 자연스럽게 씹는 시간을 늘릴 수 있습니다.

3. **천천히 먹도록 유도하기** "이 음식은 어떤 맛이 날까?", "어떤 재료가 들어 있을까?"와 같은 질문을 던져 아이가 천천히 먹으면서 음식에 집중하도록 돕습니다.

Q2 우리 아이가 편식을 너무 심하게 해요.
어떻게 하면 골고루 먹을까요?

일부 어린이들은 특정 음식을 싫어하는 경향이 강하고, 특히 채소를 거부하는 경우가 많습니다. 부모는 아이가 다양한 음식을 시도할 수 있도록 유도해야 합니다.

tip

1. **좋아하는 음식과 함께 주기** 새로운 음식을 한 번에 주기보다는, 아이가 이미 좋아하는 음식과 함께 새로운 음식을 제공하는 것이 좋습니다. 예를 들어, 브로콜리를 치즈 소스와 함께 주면 거부감을 줄일 수 있습니다.

2. **아이의 참여 유도하기** 아이가 요리에 참여하도록 하면 음식에 대한 관심을 자연스럽게 끌 수 있습니다. 샐러드나 간단한 요리를 함께 만들면서, 음식에 대한 흥미를 유발해 보세요.

3. **놀이 요소 활용하기** '초록색 음식 챌린지!'처럼 재미있는 게임처럼 접근하여 아이가 다양한 음식을 즐겁게 시도하도록 할 수 있습니다.

Q3 식사 시간에 가만히 앉아 있지 못하고 자꾸 일어나요.

어린이들은 한 자리에 오랫동안 앉아 있기 어려워합니다. 식사 시간이 길어지면 더욱 집중력을 잃을 수 있습니다.

tip

1. 식사 시간을 짧고 집중적으로 만들기 식사 시간을 15~20분 정도로 설정하여 아이가 식사에 집중할 수 있도록 합니다. 식사 시간이 길어지면 아이는 더욱 산만해질 수 있기 때문에 적당한 시간 안에 식사를 마치도록 합니다.

2. 식사 전 가벼운 신체 활동 식사 전에 춤추기나 스트레칭과 같은 간단한 신체 활동으로 아이의 에너지를 발산시키고 집중력을 높일 수 있습니다. 이런 활동은 식사에 집중할 수 있는 마음가짐을 만들어 줍니다.

3. 미니 챌린지 게임처럼 접근하기 "우리가 몇 분 동안 앉아 있을 수 있을까?"와 같은 작은 도전을 설정하여, 아이가 자리를 떠나지 않고 식사를 끝낼 수 있도록 유도합니다.

Q4 우리 아이는 당분이 높은 음식을 너무 좋아해요. 어떻게 줄일 수 있을까요?

어린이들은 단 음식을 좋아하는 경향이 있으며, 이는 과도한 당분 섭취로 이어질 수 있습니다. 당분 섭취가 과도하면 집중력 저하나 불안감을 유발할 수 있습니다.

tip

1. 자연적인 단맛으로 대체하기 설탕이 많이 포함된 간식보다는 바나나, 고구마, 대추와 같은 자연적인 단맛이 나는 음식을 대체하면 당분

섭취를 줄일 수 있습니다. 이러한 음식들은 영양도 풍부해 건강에 도움이 됩니다.

2. 단 음식을 규칙적으로 제한하기 단 음식을 완전히 금지하기보다는, "이 과자는 주말에만 먹을 수 있어."와 같은 규칙을 정해 아이가 적당한 양의 단 음식을 즐길 수 있도록 합니다.

3. 건강한 간식 제공하기 단맛이 강한 음식 대신 단백질과 건강한 지방이 포함된 간식을 주는 것도 좋은 방법입니다. 예를 들어, 견과류, 요거트, 치즈 등을 제공하면, 당분 섭취를 줄이면서 아이가 만족할 수 있습니다.

Q5 아이가 간식을 너무 자주 먹어요. 어떻게 해야 하나요?

과도한 간식 섭취는 불규칙한 식습관을 만들 수 있기 때문에, 간식 시간을 정하여 제한하는 것이 좋습니다.

tip

1. 정해진 시간에 간식 제공하기 간식 시간은 일정하게 정해두고, 식사와 간식의 시간을 구분합니다. 예를 들어, "간식은 3시에만 먹자!"와 같은 규칙을 만들 수 있습니다.

2. 영양가 있는 간식 제공 간식은 단순히 칼로리만 높은 음식이 아니라, 영양가 있는 간식으로 제공해야 합니다. 견과류, 과일, 요거트 등을 추천합니다.

Q6 우리 아이가 음식을 잘 씹지 않아요. 어떻게 해야 할까요?

음식을 씹지 않고 삼키는 아이들이 있습니다. 이 경우 소화 문제를 일으킬 수 있고, 식사 중에 사고를 유발할 수 있습니다.

tip

1. **씹는 데 시간이 걸리는 음식 제공하기** 바삭한 음식, 견과류, 당근과 같은 씹는 데 시간이 필요한 음식을 제공하여 자연스럽게 씹는 시간이 늘어나게 합니다.

2. **씹는 활동을 유도하기** "이 음식은 얼마나 바삭할까?"와 같은 질문을 던지며 아이가 씹을 때마다 그 감각에 집중할 수 있도록 유도합니다.

3. **소리나 텍스처를 강조하기** 음식의 소리나 질감을 강조하여 아이가 씹는 데 집중하도록 유도할 수 있습니다. 예를 들어, "이 당근은 정말 아삭아삭해!"와 같은 말을 통해 씹는 즐거움을 강조합니다.

작은 변화가
큰 변화를 만듭니다

이 책을 통해 아이를 위한 식단과 건강한 식습관에 대해 함께 고민하고 새로운 아이디어를 얻으셨길 바랍니다. 아마도 처음에는 "정말 음식이 아이의 집중력과 감정 조절에 영향을 줄까?"라는 의문을 품고 이 책을 시작하셨을지도 모르겠습니다. 이제는 그 답을 조금이나마 찾으셨길 바랍니다. 작은 식습관의 변화가 아이의 하루뿐만 아니라 평생의 건강과 행복에도 긍정적인 영향을 미칠 수 있다는 점을 공감하셨다면 더욱 뜻깊을 것입니다.

아이들은 누구보다도 무한한 가능성을 지니고 있습니다. 아이가 가진 에너지를 어떻게 활용하느냐에 따라 하루의 질이 달라지고, 나아가 아이의 삶의 방향이 달라질 수 있습니다. 그 가능성을 온전히 발휘할 수 있도록 돕는 가장 쉬운 방법 중 하나가 바로 '음식'입니다. 아이의 뇌와 몸은 우리가 제공하는 음식에 크게 영향을 받습니다. 음식은 단순히 배

집중하는 뇌는 식탁에서 자란다

를 채우는 것이 아니라, 아이의 뇌 기능과 감정 조절, 그리고 행동 패턴까지 영향을 미치는 중요한 요소기 때문입니다.

우리가 매일 하는 일상적인 식사 시간이 아이들에게는 얼마나 큰 의미가 될 수 있는지 생각해 보신 적, 있으신가요? 그 한 끼가 아이들의 하루에 영향을 주고, 그 하루가 집중력으로 이어지는 길을 여는 열쇠가 될 수 있습니다.

식사는 마치 작은 씨앗을 심는 일과 같습니다. 매일 꾸준히 정성스럽게 아이와 함께 하는 식사는 그 작은 씨앗들이 자라나 꽃을 피우고 열매를 맺을 수 있도록 하는 양분이 됩니다. 집중력을 높이는 음식은 비단 그 자체의 효능만을 의미하지 않습니다. 그것은 아이가 자라나는 데 있어 마음속에 자양분을 주고, 아이가 세상을 바라보는 시각을 긍정적으로 변화시키는 좋은 기회가 됩니다.

물론, 완벽한 식단을 유지해야 한다는 부담을 가질 필요는 없습니다. 아이의 식습관을 바꾸는 일이 항상 쉬운 것은 아닙니다. 하지만 잊지 말아야 할 것은 바로 '작은 변화'입니다. 한 끼라도 더 건강한 음식으로 바꾸는 것, 식사 시간을 조금 더 즐거운 경험으로 만드는 것, 아이와 함께 요리를 해 보는 것. 이 모든 작은 노력들이 모여 결국 큰 변화를 이뤄 냅니다.

여기서 중요한 것은 바로 아이와의 소통입니다. 우리는 아이들에게 무언가를 강제로 먹이려 하기보다는, 아이가 어떻게 음식을 받아들이고, 어떤 음식에서 즐거움을 찾는지를 알아가는 과정을 함께 해야 합니다. 이것이 바로 이 책을 통해 제가 전달하고 싶은 핵심입니다. 아이들의 마음을 열고, 자발적으로 건강한 음식을 선택할 수 있도록 돕는 일이야말로 아이들이 세상을 살아가는 데 필요한 힘을 기르는 일이기 때문입니다.

아이들은 부모의 선택과 환경 속에서 자랍니다. 부모가 제공하는 음식은 건강과 행복을 좌우할 수 있습니다. 하지만 부모가 해 줄 수 있는 것은 건강한 음식뿐만 아니라, 아이가 음식을 즐길 수 있는 환경을 만들어 주는 것입니다. 식사 시간이 스트레스가 아닌, 가족이 함께하는 즐거운 시간이 될 수 있도록 노력하는 것. 아이와 함께 요리를 하며 식사에 대한 긍정적인 경험을 쌓아가는 것. 이 모든 작은 변화들이 모여 아이의 하루를 더욱 밝고 건강하게 만들어 줄 것입니다.

이제 아이들과 함께 하는 식사가 단순히 배를 채우는 시간이 아닌, 사랑과 배려의 시간, 긍정의 씨앗을 심는 시간, 아이의 마음과 정신을 돌보는 시간이 될 수 있도록 실천해 보세요. 삶에서 가장 소중한 것이 무엇인지, 그 가치를 아이들과 함께 나누며, 하나씩 이루어 나가는 것, 그것이 바로 부모와 아이가 함께 성장하는 순간일 것입니다.

각자의 환경에서 최선의 방법으로 이 여정을 함께하실 부모님과 아이

집중하는 뇌는 식탁에서 자란다

들에게 『집중하는 뇌는 식탁에서 자란다』가 다정한 가이드가 되길 바랍니다. 우리가 매일 함께 나누는 식사가 아이들의 미래를 결정짓는 중요한 순간임을 기억하며, 그 과정이 결코 어렵지 않고 즐겁다는 것을 깨닫게 될 때, 비로소 진정한 변화의 시작을 경험할 수 있을 것입니다.

끝으로, 이 책을 통해 나눈 작은 노력들이 여러분의 아이들에게 큰 변화로 이어지기를 바랍니다. 저의 아이가 그랬듯, 개선된 식습관이 아이들의 집중력과 감정 조절에 긍정적인 결과를 만들어 결국 아이들의 삶에 큰 발전을 가져오는 계기가 되기를 기원합니다.

건강한 음식은 아이의 몸뿐만 아니라, 마음도 자라게 합니다. 우리의 식탁에서 아이들의 건강한 성장과 행복한 미래를 함께 만들어 가시길 진심으로 응원합니다.

감사합니다.